KB264909

오늘도
최고의 날이
되십시오

오늘도 최고의 날이 되십시오

초판 1쇄 발행 2014년 1월 25일

지 은 이 한범덕
발 행 인 권선복
편　　집 김정웅
디 자 인 최새롬
마 케 팅 서선교
전 자 책 신미경
발 행 처 도서출판 행복에너지
출판등록 제315-2011-000035호
주　　소 (157-010) 서울특별시 강서구 화곡로 232
전　　화 0505-613-6133
팩　　스 0303-0799-1560
홈페이지 www.happybook.or.kr
이 메 일 ksbdata@daum.net

값 15,000원
ISBN 979-11-5602-032-5　13400
Copyright ⓒ 한범덕, 2014

미래를 여는 과학 편지

오늘도
최고의 날이
되십시오

한범덕 지음

도서
출판 행복에너지

2001년 1월 눈이 많이 내린 날이었습니다.

국방대학원을 마치고 보직을 기다리던 저에게 당시 충청북도 이원종 지사님이 고향을 위해 일해 보지 않겠느냐는 제의를 하셔서 청주로 내려가는 중이었지요. 고속버스에서 내린 저는 미끄러운 길을 걸어가며 스무 살에 떠났던 고향을 30년 만에 돌아와 근무할 수 있다는 기대로 마음이 부풀었습니다.

직접 모시지는 못했지만 모든 공무원들의 표상이었던 지사님을 내무부 시절부터 이미 잘 알고 있었기에 가벼운 마음으로 만나 뵙게 되었습니다. 그런데 대뜸 지사님께서 "6T를 아느냐?"고 물으셨습니다. 하이테크를 말씀하시는 것 같은데 솔직히 처음 듣는 말이었습니다. 눈치를 채신 지사님께서 설명을 하셨습니다. 이제 열리는 21세기는 첨단과학의 시대가 될 것이고, 그중에도 6T가 주축이 될 것이라는 것이었습니다. 그러면서 IT, BT, NT, ET, ST, CT에 대한 말씀을 해주셨지요. 저도 IT나 BT는 들어 보았습니다만 나머지는 생소했습니다. 극소한 세계를 대상으로한 나노테크NT, 에너지나 환경을 대상으로한 ET(지금은 그린테크라 하여 GT라고 합니다), 우주항공을 대상으로

한 스페이스테크*ST* 그리고 문화산업을 말하는 컬쳐테크*CT*라고 하시면서 우리 충북이 앞으로는 이러한 첨단과학으로 먹고살아야 한다고 강조하셨습니다. 그리고 오창의 과학단지와 오송의 의료과학단지를 지목하시며 특히 이번에 오송을 세계적 바이오단지로 세워야 한다고 역설하셨습니다.

청주로 갈 때의 가벼운 발걸음과는 달리 무거운 마음을 안고 서울로 돌아왔습니다. 그 바쁜 도정에도 불구하고 시대의 흐름을 정확히 꿰뚫으시며 미래 충북의 비전을 제시하시는 지사님을 보고, 그동안의 공직생활을 반성하면서 새로이 일을 해야겠다는 다짐을 하였습니다. 그로부터 2년 동안 첨단과학의 세계에 풍덩 빠졌습니다. 오송을 세계에 알리기 위한 '오송국제바이오엑스포'의 사무총장을 맡아 지사님께서 선정해주신 충북도청의 일꾼들과 더불어 바이오세계를 온 국민들에게 알리고, 6개 국책바이오기관이 입주한 오송바이오단지를 세계에 알리게 되었습니다.

이러한 까닭에 첨단과학에 지대한 관심을 두게 되었습니다만 우리나라의 현실을 보며 낙담하지 않을 수 없었습니다. 과학 분야에 대해 경시를 넘어 거의 홀대 수준의 현실을 지켜보며 마음이 무척 아팠습니다. 제가 대학에 갈 때만 해도 전국의 수재들은 예외 없이 기초과학, 그중에도 어려운 물리학과를 지망하였습니다. 오늘날은 소위 소득이 높은 분야, 의대를 지망하고 있습니다. 물론 의대에 수재들이 지망하는 것이 나쁜 것은 아니지만 정도가 지나친 것이 문제입니다. 왜 KAIST를 졸업하고 의학전문대학원을 지망하고, 서울공대를 졸업하고 사법고시에 응시해야 하는지요? 이것이 우리나라의 현실입니다.

저는 조그마한 힘이라도 보태야겠다는 생각에서 공직에서 물러나 있던 지난 2009년 '미래과학연구원'이라는 재단을 설립하였습니다. 그리고 과학 분야 교수님과 선생님들을 주요회원으로 하여 지역사회 과학교육증진, 과학인구 저변확대, 생활과학 진흥 등을 도모하는 일들을 하였습니다. 이 책에 담긴 글들은 그때 관심을 주셨던 분들에게 전하던 과학에 대한 단상斷想을 정리한 것입니다.

특히 제가 재직하고 있는 청주는 2014년 청원군과 통합이 됩니다. 그렇게 되면 오창의 과학산업단지와 오송의 첨단의료단지가 청주시로 들어오게 됩니다. 그 어느 때보다 첨단산업분야에 관심이 고조되고 그 중요성이 부각되는 시점입니다. 이러한 시기에 『오늘도 최고의 날이 되십시오』가 첨단과학에 대한 시민들의 인식을 높이는 데 작은 보탬이 되길 빌어 봅니다.

목차

1장 미래로 가는 길

2장 또 하나의 우주

미래로 가는 길

혁신은 리더와 추종자를 구분하는 잣대입니다.
— 스티브 잡스

인류 문명을 이끌어 온 것은 인간의 '호기심'이었습니다. 특히 각 분야에 종사하는 과학자들의 호기심은 문명의 끊임없는 혁신에 절대적인 역할을 했습니다. 21세기 대한민국이 나아가야 할 길이 바로 거기에 있습니다. 수동적 삶이 아닌, 자신의 삶만큼은 누구나 당당한 주인으로 살아갈 수 있는 세상. 바로 그런 세상, 21세기의 문명 선진국 대한민국을 '과학 혁신'이 열 것입니다.

미래과학연구원을 출범하면서

과학의 힘!

그것은 인류역사를 살펴보면 분명히 알 수 있습니다. 애초 인류는 나무 열매를 따 먹고 짐승을 사냥해 먹고사는 여타 동물과 다를 바 없는, 하루하루의 생존을 위한 삶을 살았습니다. 그러다 종자를 심어 작물을 수확하게 되고 직접 가축을 기르는 농경사회에 진입하며 삶은 획기적으로 변화·발전하였습니다. 이것이 인류사를 뒤바꾼 최초의 혁명, '농업혁명'입니다.

그 후 인류는 18세기 들어 석탄과 석유라는 화석연료를 사용하게 되면서 대량생산을 통한 물질적 풍요를 이끌어 내는 '산업혁명'을 맞이하게 됩니다. 산업혁명을 주도한 영국 그리고 그 뒤를 이은 미국은 수백 년간 전 세계의 경제, 문화를 비롯한 모든 삶 자체를 이끌어 왔습니다. 'Pax Britanica' 'Pax Americana'로 명명되는 서양의 거대한 힘 앞에 농경시대를 이끌었던 동양은 압도당하게 되었습니다. 이는 두말할 필요 없이 '과학의 힘'에 따른 결과라고 생각합니다.

　과학의 힘은 21세기 들어서는 더 강력해지고, 그 발전 속도는 보다 가속화되었습니다. 20세기 중반 등장한 컴퓨터는 50년도 안 되어 강력한 IT(정보산업)혁명을 주도했습니다. 인터넷으로 구현되는 사이버세계는 얼마나 더 발전하고 변화할지 가늠할 수도 없습니다. 또한 주목해야 할 것은 '게놈프로젝트'로 대변되는 BT(생명과학)혁명입니다. BT혁명 역시 IT혁명과 함께 한창 진행 중에 있습니다.

　그리고 우리 앞에는 또 다른 과학혁명이 다가오고 있습니다. 미국 오바마 대통령이 취임과 함께 천명한 GT(녹색산업)혁명입니다. 지난 2009년 6월 16일 이명박 대통령과 오바마 대통령의 정상회담에서 북핵, FTA 등 한미 간의 중요한 현안들과 함께 녹색산업에 대한 논의가 있었던 것도 이러한 시대적 패러다임에 따른 것임을 알 수 있습니다.

　이렇듯 인류의 삶을 획기적으로 변화시킨 혁명이 등장할 때마다 첨단과학이 미래의 세계를 바꾸어 놓는다는 점을 주목해야 합니다. 과학 분야의 교수님들, 중고교 선생님들과 많은 의견을 주고받으며 과학의 대중화와 교육의 실용화가 대단히 중요하고 시급하다고 느꼈습니다. 이를 위해 과학에 관심이 있는 사람들과 과학교육에 종사하고 있는 사람들이 모아 기구를 만들자는 결론을 얻었습니다. 그 결과 '미래과학연구원'을 출범하게 되었습니다.

이 연구원은 소수가 아닌 다수의 참여를 필요로 합니다. 비록 출범은 소수로 하였습니다만 폐쇄적인 연구원이 아닙니다. 개방적입니다. 주로 온라인을 통한 사이버사업이 주종을 이루겠습니다만 오프라인 사업도 지속적으로 전개할 것입니다. 그리하여 21세기 전 세계를 선도하는 과학강국 대한민국, 대한민국을 선도하는 과학강도 충청북도가 현실로 다가오는 날을 맞이하기 위해 노력할 것입니다.

오늘도 최고의 날이 되십시오.

무릎을
다쳤습니다

새로이 연구원을 만드는 날이 되어서인지 긴장도 되고, 생각도 많아져 잠을 설치다 그만 침대에서 떨어지는 바람에 무릎과 다리를 다쳤습니다. 옆에 자던 아내가 깜짝 놀라 일어날 정도였습니다. 살펴보니 오른쪽 다리에 벌겋게 상처가 났고 많은 양은 아니지만 피가 나오고 살이 까져 아주 쓰라렸습니다. 문제는 피가 나오지도 않고 상처도 생기지 않은 왼쪽 무릎에 있었습니다. 일어서려니까 이 부위에 통증이 몰려오고 다리를 쉽게 펼 수 없을 만큼 무거운 압박이 가해져 왔습니다.

참 어이가 없더군요. 자다가 침대에서 떨어져 다치기나 하다니…. 헛웃음이 나왔습니다. 푹 자고 있다가 깬 아내에게 미안한 마음이었지만 괜히 심술궂게 "당신한테 떠밀려 이 지경이 되었다."라고 투정 아닌 투정을 부렸습니다. 여하튼 오른쪽 다리의 상처를 손보고, 왼쪽에는 타박상 전용 파스를 붙이고 가라앉기를 기다릴 수밖에 없었지요. 일요일인 데다 응급실까지 갈 상처는 아닌 것 같았습니다.

그렇게 아픔을 뒤로하고 개소식을 가졌습니다. 손님들을 맞고 약식이지만 행사를 진행하는 일은 쉴 틈이 없었습니다. 잘 마치고 여럿이 모여 저녁까지 먹고 난 뒤 집으로 돌아오니 몸이 파김치가 되었더군요. 그런데 오른쪽 다리는 문제가 없는데 왼쪽 다리는 여전히 제대로 걸을 수 없을 정도로 통증도 있고 무거운 감이 가라앉지를 않았습니다. 아내는 걱정이 되어서인지 뼈가 부러진 건 아닌지, 염증이 크게 생긴 건 아닌지 모르겠다며 월요일에 당장 병원에 가자고 성화를 부렸습니다. 사실 저도 내심 걱정이 되었습니다. 바깥으로 난 상처는 어찌되었든 눈으로 보지만 이렇게 조금 부어오른 상처는 속이 어떻게 되었는지 모르기에 덜컥 겁이 났습니다.

도리 없이 월요일 아침, 잘 아는 김옥년 정형외과를 찾아가서 자초지종을 설명하고 진료를 받았습니다. 이리저리 꼼꼼히 보던 김 원장은 "다행히 크게 다친 것 같진 않지만 사진은 찍어야 한다."라면서 X-ray를 찍도록 했습니다. 얼마 안 되는 시간이 지나서 결과를 들을 수 있었습니다. 뼈에 이상은 없고 무릎 살에 타박으로 인한 멍이 들었으니 약도 필요 없고 얼음찜질만 하면 금방 낫겠다고 했습니다. 사람마음이 어찌 그런지, 그런 소릴 들으니 금방 왼쪽 다리가 가벼워지는 느낌이었습니다.

그리고는 생각했습니다. 물론 훌륭한 의사들이 의학기술을 발전시켜 많은 이들의 생명을 구했지만 역시 가장 중요한 점은 과학문명의 발달이 질병 퇴치에 결정적인 역할을 했다는 사실입니다. 분명 사진 촬영한 결과를 읽고 확실한 진단을 내리는 일도 중요하고 어려운 일입니다. 그러나 살을 째서 들여다보지 않아도, 손 하나 대지 않아도 몸속의 상처를 살펴보게 하는 기술은 과학의 힘입니다. 오늘날 BT와 IT기술의 결합을 보여주는 생생한 사례가 이것입니다.

19세기 독일의 뢴트겐이 발명했던 X-ray는 현재 눈부시게 발전하여 왔습니다. 1917년 오스트리아 수학자 라돈의 수학 원리를 컴퓨터와 결합시켜 나오게 된 컴퓨터단층촬영*CT*은 인체의 3차원 영상을 가능하게 만들어 암 진단에 있어 필수적인 검사가 되었습니다. 1946년에는 미국의 블로호와 퍼셀이 개발해서 핵자기공명분관기를 개조한 자기공명영상기*MRI*는 신비하기까지 합니다. 이 MRI는 뇌 속에 있는 작은 혈관까지도 생생하게 찍어낼 수 있다고 합니다.

얼마 전 서울에서 우리 충청북도 Bio Expo조직위원장을 맡아주셨던 정원식 전 국무총리를 모시고 저녁식사를 한 적이 있었습니다. 거기에서 저명한 교육심리학자이시기도 한 정 전총리께서 "종전에 뇌 연구를 하려면 죽은 사람의 뇌를 간신히 구하여 해부를 통하여 각 부위의 기능과 작용을 추측해볼 수 있었는데, 이제는 MRI 등 첨단 촬영기술의 발달로 살아 있는 사람의 뇌가 생각의 변화에 따라 변하는 모습을 찍을 수 있게 되어 뇌에 대한 연구가 급진전을 보이고 있다."라고 말씀을 해주셨습니다. 그래서 당신께서도 인간의 '기억과 망각'

에 대한 연구를 진행하고 있다고 하셨습니다.

아이슈타인의 뇌를 따로 떼어 보관하여 연구한다는 말은 옛이야기가 되었습니다. 이러한 진단에 필요한 인체촬영기술의 발달은 끝이 없이 진행될 것입니다. 바로 과학의 힘이 그렇게 만들고 있는 것입니다. 미래과학연구원을 개소하는 날, 침대에서 떨어지고 난 뒤 이러한 사실을 깨달은 것도 새삼 과학의 힘을 일깨워주려고 벌어진 게 아닌가 하는 시대착오적(?)인 생각도 해보았습니다.

오늘도 최고의 날이 되십시오.

연탄불
갈기

　요즈음 학생들은 알지 모르겠습니다. 옛날 연탄불 때던 시절, 연탄불 가는 일을요. 구멍이 열아홉 개가 나있어 십구공탄이라고 했지요. 그것을 잘 맞추어야지 대충 했다가는 그만 불이 꺼져 차디찬 냉방에서 오들오들 떨어야 했던 일을 우리 나이 사람들은 생생하게 기억하고 있을 겁니다.

　제 경우 주변머리가 없어서인지 아내에게 연탄불 가는 일을 결혼하고도 한참 동안 시켰습니다. 결혼을 하고 십 년이 지난 1992년, 승진해서 대전광역시의 환경녹지국장으로 부임할 당시 중앙집중식 아파트를 전세로 얻어 관사로 쓸 수가 있었습니다. 처음으로 연탄불 신세를 안 지게 되었지요. 거기서 3년 정도 근무하다 서울로 오게 되니 다시 연탄불을 갈게 되었습니다. 예전의 구들은 보일러로 바뀌었고 따뜻한 물을 마음대로 쓸 수 있었지만 연탄불을 가는 일은 여전히 마찬가지였습니다.

사실 그 당시 월동 준비 중 가장 큰일은 김장과 더불어 '연탄 들이기'였습니다. 요즘은 김장도 많이 하지 않고, 또 김치냉장고라는 게 나와 마당에 김칫독을 묻는 일은 없어져서 김장의 경우에는 부담이 많이 줄었지요. 연탄 들이기도 이제는 옛말이 되었지만 생각해보면 무척 고된 일이었습니다. 하루 두 장 정도 연탄을 써야 하니 석 달 정도 쓰려면 수백 장 이상 들여다 놔야 하는데, 이게 마당 없는 아파트는 공간부족으로 그렇게 할 수가 없었습니다. 그런데다 연탄 때는 아파트에 엘리베이터가 있을 리 없어 한 층 올라가는 만큼 웃돈을 얹어주어야 했으니 여간 힘든 일이 아니었습니다.

이야기하다 보니 신세 한탄하는 꼴이 되었는데 따지고 보면 인류 역사가 이 난방에 들어가는 에너지의 발달과 같이하는 것 같습니다. 처음 인류가 나타났고 수십만 년 동안은 아마 난방은 생각도 못하고 추위에 떨고 나뭇잎이나 짐승가죽으로 간신히 견디었을 겁니다. 그러다 불을 일으킬 수 있게 되고, 이를 이용하여 추위를 견딜 수 있었을 것입니다.

처음엔 쉽게 구할 수 있는 마른 풀이나 잔가지 등으로 연료를 썼을 것이고 이것은 꽤 오래 지속되었습니다. 그러다가 18세기 석탄을 이용하는 산업혁명이 일어나면서 에너지사용은 엄청나게 늘어나고 물질문명은 비약적으로 발전을 하였습니다. 나무에서 석탄, 석탄에서 석유로 에너지 사용은 주조가 바뀌었습니다. 따지고 보면 석탄과 석유도 오래전 생물들이 땅속에 묻혀 화석으로 된 산물입니다.

　이렇듯 인류는 화석연료에 의하여 문명을 이루고 삶의 풍요를 누리고 있습니다. 그런데 이것이 이제 큰 문제로 변했습니다. 과다한 화석연료의 사용이 우리가 사는 지구를 훼손하고 결국에는 생명체가 살 수 없게 될지도 모른다는 우려가 현실로 다가오고 있습니다. 화석연료 사용으로 인한 탄산가스의 증대는 지구의 기온을 올라가게 만들어 기상이변을 일으키고 생태계를 파괴해버려 결국에는 종말을 가져온다는 거죠.

　예를 들어 우리 한반도가 이대로 가서 평균기온이 2℃만 올라가도 소나무가 멸종된다는 놀라운 일이 벌어진다고 합니다. 이미 동해, 남해, 서해에서 잡히는 어종과 어획량을 보면 쉽게 체감할 수 있습니다. 비교적 따뜻한 바다에 사는 오징어는 대풍이고, 찬 바다에 사는 명태는 전혀 잡히지를 않는다는 겁니다. 한 해 3, 4만여 톤 잡히던 명태가 이제는 100톤도 안된다고 하니 우리가 밥상에서 맛있게 먹던 국내산 명태는 이제 찾아볼 수 없을지 모릅니다.

　이것뿐이 아니지요. 종전의 삼한사온이라든지 장마라는 게 이젠 없어졌습니다. 덕분에 기상청은 죽을 맛이지만 이미 그런 이상기후가 보편화되었습니다. 이건 약과일 테고 본격적으로 이상기후가 심해지면 열대지방에서 눈보라가 날리고, 북극이나 남극지방에서 열대성 호우가 발생하여 엄청난 재앙을 가져올지도 모릅니다. 실제로 얼마 전에는 평생 눈 구경 한 번 하기 힘든 동남아시아와 중동 지역에 한파를 동반한 폭설이 쏟아지기도 했지요. 이를 바라보는 전 세계 사람들이 남의 일이 아니라며 큰 걱정을 하고 있습니다.

진작부터 이를 우려한 여러 나라가 지난 1993년 일본 교토에서 모여 화석연료를 줄이고, 탄산가스배출을 억제하자는 소위 '교토의정서'를 발표했습니다. 하지만 정작 주요 국가인 미국이 비준을 거부하여 오랫동안 실행되지는 못했습니다.(합의는 클린턴 대통령이 했는데 비준을 부시 대통령이 산업계 반발로 거부했음)

그러다가 이제 2008년 취임한 오바마 대통령이 이것을 비준할 계획임을 발표함에 따라 새로운 국면을 맞게 되었습니다. 오바마는 이와 함께 2050년까지 탄산가스 배출을 80%까지 감축하겠다는 획기적인 계획을 발표하기도 했습니다. 더불어 일본, EU에서도 획기적인 탄산가스 감축계획을 내놓고 있습니다. 우리 정부도 2008년 장기 에너지 수급계획을 수립하여 발표하기도 했습니다.

문제는 실천입니다. 이 계획을 보면 모두 최첨단 과학기술이 필수사항으로 적시되어 있습니다. 최첨단 기술이 적용된다면 에너지로 활용할 수 있는 자원은 우리 주변에 무한대로 놓여 있다고 합니다. 화석연료는 지하자원으로 매장량이 한계가 있고 탄산가스배출이라는 문제를 갖고 있기에 이를 대체할 다양한 수단을 강구하자는 이야기입니다. 그러한 자원이란 태양, 바다, 바람, 지열, 수소 등을 말합니다.

태양이 한 시간 동안 지구에 보내는 에너지의 양은 현재 인간이 지구에서 1년간 만들어내는 에너지의 양과 같다고 하니 얼마나 대단할까요. 바다, 지구의 2/3를 덮고 있는 바다의 힘을 에너지로 바꾸는 일도 가능하다고 합니다. 조류 이동의 힘도 이용할 수 있고 바닷물 자체도 이용할 수 있다고 합니다. 바람은 오래전부터 이용되어 왔습니다. 중세에 항해를 통해 신대륙 발견을 가능하게 한 바람이 지금은 전력생산을 위한 중요한 자원이 되었습니다.

지열, 지상은 대기에 의하여 온도가 좌우되지만 지하 200m만 내려가도 온도는 일정하다고 합니다. 이제는 이것을 이용하여 지상의 냉방과 난방을 가능케 하는 일이 상용화될 수 있을 정도로 발전했습니다. 이미 선진국뿐만 아니라 우리나라에서도 실행되고 있고 계속 확대되고 있는 추세입니다. 수소는 대기에서 쉽게 얻을 수 있습니다. 이를 이용하여 에너지를 만드는 일은 상당 수준에 이르렀습니다. 우리나라도 수소를 이용한 하이브리드카를 연구 중이고 상용화만을 앞두고 있습니다.

물론 이외에도 다른 에너지 자원도 무진장 있을 겁니다. 정말 우리가 생각해야 될 일은 이러한 자원을 이용하고 활용할 수 있는 과학기술에 더욱 투자해야 한다는 사실입니다. 선진국은 지금 이 분야에서 훨씬 앞서 있을 뿐만 아니라 상당한 재원을 투자하고 있습니다. 세계에서 머리 좋기로 빠지지 않는 우리나라가 이에 뒤처질 수는 없습니다. 여기에 전력을 쏟아야 할 것입니다. 자원이 사람뿐인 우리나라에겐 이것이 큰 기회일 수도 있습니다.

문득 연탄불의 추억에서 생각난 새로운 에너지자원의 필요성을 절감하면서 또 다시 과학의 힘을 절실히 느낍니다.

오늘도 최고의 날이 되십시오.

미래는 꿈속에 있습니다

어느 책인가 Time Machine을 다음과 같이 정리한 글을 보았습니다.
The Past is in the Memory, The Future is in the Dream.

그렇습니다.
미래는 확실히 꿈속에 있습니다.

저의 아버지는 1909년생으로 1998년에 90세의 일기로 돌아가셨습니다. 늘 스스로를 조선시대 사람이라고 말씀하셨지요. 1910년 일본이 우리나라를 강제로 합병하였으니 틀린 말씀은 아닙니다. 미원읍내에서 20리도 더 들어간 산골에서 태어나 자동차 구경을 열여섯 살때 처음 하셨다고 합니다. 그런 분이 한평생 사시면서 비행기 여행도 하시고, 핸드폰에 지하철 자동개폐용 티켓까지 사용하시다 가셨으니 대한민국 역사상 가장 큰 격변기와 물질문명의 엄청난 변화를 동시에 보셨던 것입니다.

아들인 저도 마찬가지입니다. 저는 청주 ㅓ시내 남주동에서 태어났기에 아버지보다는 문명의 이기를 일찍 접할 수 있었습니다. 하지만 지금의 물질문명을 누리리라고는 생각하지 못했습니다. 솔직히 어린 시절 제가 자가용을 가지리라고는, 더구나 인공위성을 개인적으로 이용할 거라는 사실은 정말 꿈도 꾸지 못했지요.

요즈음 스마트폰을 보세요. 저와 같이 전화기로만 쓰는 사람들도 있지만 젊은이들의 일상에서 스마트폰은 필수입니다. 이 손바닥보다 작은 기기가 개인의 일상을 바꾸고 사회의 모습을 바꾸고 역사의 흐름을 좌우하고 있습니다.

과연 어디까지 발전해 나갈까요?

이제 스마트폰 하나로 전화, TV, 카메라, 컴퓨터, MP3, 크레디트 카드, 계산기, 사전… 헤아리기가 어렵습니다. 소위 유비쿼터스 *Ubiquitous* 시대로 접어들게 되면 각종 신체 관련사항도 휴대폰으로 네트워킹되어 실시간으로 건강을 점검받을 수 있는 시대가 된다 합니다. 볼 일 보러 관청을 가고, 은행을 가고, 우체국을 가고, 병원을 가는 일이 방 안에서 모두 이루어지는 시대가 도래하고 있습니다.

언젠가 인터넷 강의를 시작하여 상장회사로까지 발전시킨 분이 강의를 하시면서 자기가 사업을 착상한 계기를 말씀하신 게 기억에 남습니다. 어느 날 집에서 케이블 TV로 홈쇼핑을 보면서 생각을 했답니다.

'아니 백화점이 안방으로 오는구나. 학원도 안방으로 찾아가면 안
될까?'

그렇지요. 인터넷학원이란 바로 학원이 안방으로 찾아오는 것이
아니겠습니까.

정말 앞으로 어떻게 변할까요?

저도, 그 누구도 모르지만 앞에서 말씀드린 대로 미래는 분명 꿈속
에 있습니다. 그러니 무한한 미래의 세계를 꿈속에서 마음껏 그려보
는 것이 중요합니다. 그래서 미래과학연구원을 생각했습니다. 정말
마음껏 꿈을 꾸어 미래의 세계를 더 윤택하고 풍요로운 세계로 만들
고자 합니다. 모두들 마음껏 꿈을 꾸어 봅시다.

오늘도 최고의 날이 되십시오.

불효자가 없는 세상

조금 마음이 아픈 이야기를 드리겠습니다. 제가 고등학교 2학년 때 중학교 3학년이던 후배를 가르치면서 1년간 한 이불에서 잠을 자고, 한솥밥을 먹었던 적이 있었습니다. 위로 누나가 셋, 아래로 남동생 둘, 이렇게 6남매인 집이었는데 아버님은 경찰서장으로 계시면서 새벽 기도를 빠지지 않으시는 독실한 기독교인으로 아주 화목한 집안이었습니다. 딸 셋을 낳고 얻은 아들이니 부모님이 얼마나 애지중지했겠습니까.

이 후배 녀석은 입이 무겁고 착실하면서도 자기 세계가 확실한 친구였죠. 저에게는 친동생이나 마찬가지였고요. 그렇지만 사회에 진출한 뒤로는 가는 길이 달라 자주 보진 못하고 그저 직장생활 잘하고 있겠거니 생각했습니다.

그런데 그만 세상을 떠났다는 겁니다. 전화로 형의 죽음을 알리는 동생에게 깜짝 놀라 연유를 알아보니 작년에 위암이 발견되었는데 벌써 손쓸 틈도 없이 암세포가 퍼져 있었다는 것이었습니다. 1년 남짓 투병하다 그만 세상을 뜨게 되었다는데 저는 그 사실을 전혀 모르고 있었습니다. 좀 일찍 알았어야 할 것을… 하는 자책감과 먼저 가버린 녀석에 대한 아쉬움 속에서 누나들과 동생들과 빈소를 지키다가, 조금 전 목련공원에서 화장을 하는 것을 보고 와서 이 글을 씁니다.

세상에 가장 큰 불효가 자기를 낳아준 부모보다 먼저 세상을 뜨는 것이라는데 그 녀석은 그렇게 애지중지 사랑을 주신 부모님보다 먼저 가버렸습니다. 저 또한 망연자실 어쩔 줄 모르고 통 갈피를 잡을 수가 없었습니다.

인간의 수명이 120세가 되는 시대가 다가온다는데 이렇게 반수도 못 하고 먼저 세상을 뜨는 경우가 나오는 이유는 도대체 무엇일까요? 엊그제도 우리 지역 상공회의소 회장님의 아들이 38세의 젊은 나이에 요절을 한 일이 발생해서 무척 놀랐습니다. 회장님 말씀으로 평소 너무나 건장하여 급한 병으로 세상을 뜨리라고 전혀 생각을 못 했다기에 더 충격적이었습니다.

두 경우 모두 치료법이 없어 이렇게 떠나보낸 것은 아닌 듯합니다. 지금의 현대의학 수준으로는 충분히 고칠 수 있는 병인데 문제는 치료시기를 놓쳤다는 데 있었습니다. 위암으로 세상을 뜬 후배도 그 정도 되기 전에 알았더라면, 38세로 세상을 뜬 회장님 아들도 조금 더 일찍 간肝 이상을 발견했더라면 생명을 건질 수 있었다고 합니다.

현재의 의술이 완치율이 높아진 이유 중에는 치료법의 개선도 있겠지만, 더 큰 이유는 진단방법의 간결성과 정확성이 매우 개선되어 암의 경우 조기치료가 가능해졌기 때문입니다. 며칠 전 TV에 출연한 가천의대 부총장인 윤방부 박사가 몸에 좋다는 보약이나 식품을 섭취하는 것보다 검진을 한 번 받는 것이 오래, 건강히 사는 비결이라며 한 말이 실감납니다. "이때까지 병원 한 번 간적이 없다."라는 말은 자랑스러운 말이기 보다는 미련한 말이라면서 병원과 친해지라고 하더군요.

현대 진단의학술은 피 한 방울, 오줌 한 방울로 간단히 찾아낼 수 있는 병이 수백 가지가 넘을 뿐 아니라 사진기술의 발달로 좁쌀만 한 미세한 몸의 변화도 찾아서 판별할 수 있는 장비를 갖추고 기술의 개발을 이루었기에 조기 발견이 가능해졌다고 합니다. 현시대에서는 병원과 친해져 눈으로 볼 수 없는, 자각이 안 되는 심각한 질병을 조기에 찾아 쉽게 치료하는 길이 우리가 오래 살고 부모님보다 먼저 세상을 뜨는 불효를 막는 길이라 생각됩니다.

여러분도 부디 병원을 멀리하지 마시고 가급적 친해지시길 바랍니다.

오늘도 최고의 날이 되십시오.

하이브리드
자동차 *hybrid car*

대학교 다닐 때까지도 제가 자동차를 갖게 되리라고 생각하지 못했습니다. 그만큼 자동차는 부의 상징이었지요. 가정교사로 입주한 집의 학생 아버지가 당시 무슨 양곡협회의 간부라 출퇴근을 시켜주는 차만 있었지 그 집 소유의 차는 없었습니다. 저도 가끔 그 차를 얻어 타고 가면서 생각한 게 언젠가 차를 갖겠다는 것이 아니라 출퇴근 시켜주는 차가 있는 직업을 가져야겠다는 것이었습니다.

그러니까 자동차를 직접 운전한다는 생각도 못했습니다. 자동차 운전은 전문적인 기사만이 하는 것으로 생각했지요. 아마 그 시절에 차를 가진 집안은 거의 전용기사가 있었던 듯합니다. 그러던 처지에서 지금은 제 소유의 자동차가 두 대입니다. 물론 제 재정 형편 상 아주 좋은 차는 아니지요. 10년 된 매그너스와 프라이드입니다. 아직도 엔진상태는 좋아서 달리는 데 문제는 없습니다. 지난겨울 고속도로를 달리다가 매그너스가 엔진이 과열되어 서비스센터 신세를 졌습니다만 정밀검사를 한 결과 더 타도 된다고 합니다.

정작 문제는 치솟는 기름값에 있지요. 서울을 한 번 다녀오면 5만 원 기름을 넣고 가도 금방 계기가 밑으로 떨어지는데 참 난감합니다. 거기에다가 지구온난화의 주범이 사실 화석연료인 석유인데 이걸 마구 쓰면서 환경보호를 소리 높여 말하는 것도 미안해집니다.

그런데 최근 신문에 현대자동차에서 소위 '하이브리드 자동차'를 만들었고 그 첫 번째 차를 환경부장관이 구매하였다는 기사를 읽었습니다. '하이브리드 자동차'는 정확히 'hybrid electric vehicle'이라고 하여 기존 엔진과 전기모터를 함께 사용하는 차라는 말입니다. 하이브리드라는 말이 '혼합된'이라는 뜻이니까 석유와 전기를 같이 쓰는 차라고 이해하면 되겠습니다.

환경문제를 완전히 해결하는 것은 아니지만 화석연료에서 나오는 오염물질의 배출은 상당히 감소시킬 수 있으면서 석유값을 절약할 수 있는 경제적 효과도 얻을 수 있는 일석이조의 자동차라고 볼 수 있습니다.

이번에 현대자동차가 개발한 자동차도 완벽한 것은 아닌 모양입니다. 휘발유나 경유에 비하여 연비가 높은 LPG를 사용하였기에 효율성도 낮고, 이산화탄소의 배출양도 아직은 높다고 합니다. 그러나 첫술에 배부를 수가 있겠습니까? 더 연구하고 개발하게 되면 좋은 제품이 나오게 되겠지요.

앞으로의 자동차시장을 전망한 글을 보니까, 현재는 유럽이 주도하는 디젤차들이 유효하지만 곧 북미 쪽과 일본이 중심이 되어 개발하는 하이브리드 자동차시장의 확산이 유망하다고 합니다. 아마 2020년경이면 자동차시장을 주도할 것으로 보고 있습니다.

더 나아가 2020년 이후에는 완벽한 친환경 자동차인 전기자동차와 수소자동차가 상용화되어 시장을 지배할 것으로 전망하고 있습니다. 아직은 기술개발의 미비로 인한 인프라 구축의 고비용으로 비경제적이지만 머지않은 시간 내에 이러한 문제들이 해결될 것으로 예상하고 있습니다. 우리나라도 이러한 경쟁에서 뒤처져 있을 수는 없습니다. 과학의 힘이 이처럼 중요합니다.

오늘도 최고의 날이 되십시오.

이지스*AEGIS*함

국어사전을 뒤지다가 30년 전에 군에서 죽은 동생의 이름을 보았습니다. 제가 웅변대회에 나가서 부상으로 받은 사전인데 아마 동생에게 주었던 모양입니다. 갑자기 동생에 대한 그리움으로 가슴이 찡했습니다.

저보다 두 살 아래인 제 동생은 당시 산정호수가 있는 경기도 포천 지방에서 포병으로 복무를 하였는데, 불발탄 분해작업을 하던 중 폭발사고로 전우 3명과 함께 산화하여 지금 서울 동작동 국립묘지에 잠들어 있습니다.

지난 2000년 국방대학원에 다니면서 일선에 배치된 전투함을 견학한 적이 있었는데 깜짝 놀랐습니다. 제 생각에 전투함에는 으레 근육질의 뽀빠이와 같은 수병들이 많이 있을 줄 알았는데 그렇지 않더군요. 대신에 앳된 여군들이 컴퓨터를 부지런히 작동시키는 모습을 보았습니다. 그렇지요. 이제는 모든 장비를 컴퓨터로 작동하는 시스템으로, 근육질의 수병보다는 키보드를 빨리 조작하는 섬세한 손길의 여군들이 훨씬 필요한 것입니다.

이지스*Aegis*란 그리스신화에 나오는 말로 제우스가 그의 딸 아테나에게 준 방패라고 합니다. 1983년 미 해군이 최초로 이지스시스템을 장착한 군함을 취역했다고 하는데, 이 시스템은 3차원 위상배열 레이더, 다른 말로 스파이*SPY*-1 레이더라고 한답니다. 쉽게 말하면 레이더 센서가 전후좌우로 부착되어 동시에 200개나 목표를 탐지할 수 있고 24개 목표를 동시에 공격할 수 있다고 합니다. 가공할 장비입니다. 미국에 이어 세계 두 번째로 일본이 1993년 건조했고, 우리나라는 2007년 세종대왕함이라 이름붙인 이지스함을 갖게 되었습니다.

이제 육탄전, 게릴라전에 의한 전쟁의 시대는 종식을 맞았습니다. 최고의 과학기술이 이뤄낸 첨단장비로 무장하여 정확히 적을 타격하고 제압하는 세상입니다. 그리고 이지스함은 그 첨병의 역할을 하고 있으며 이지스함의 보유가 각국의 군사력을 나타내는 척도가 되기도 합니다. 물론 과학기술이 이런 곳에 쓰인다는 사실에 가슴이 아픕니다. 하지만 완벽한 세계 평화가 요원한 상황에서는 만전의 대비를 기하는 것 역시 중요합니다. 특히 분단국가인 한반도의 경우는 더욱 그렇습니다.

이런 전자장비가 좀 더 일찍 개발되었더라면 제 동생과 같이 직접 포탄을 들고, 그것을 해체하다 사고를 당하는 등의 일은 없었을 텐데, 그러면 꽃다운 나이에 젊은이들이 세상을 뜨는 비극은 없었을 텐데… 라는 생각을 해보았습니다. 제 동생을 생각하면 이제는 부질없는 생각이긴 하지만 여전히 한반도의 평화를 위해 청춘을 군에서 바치는 청년들에게 다시는 그와 같은 사고가 없기를 간절히 기원합니다.

오늘도 최고의 날이 되십시오.

과학축전 참관기 1
— 간사이국제공항 (2009-09-07)

지난 주말 일본에서 열린 과학축전을 보고 왔습니다. 일본 오사카의 하비스홀에서 열렸는데 일신여고 학생들이 단체로 참관하게 되어 우리 미래과학연구원에 참여하시는 선생님 몇 분과 함께 다녀왔습니다. 과학에 관심이 있고 공부를 하고 싶어 하는 학생들에게 이런 기회를 서슴없이 마련해주시는 연일흠 교장선생님께 새삼 존경어린 마음을 전하고 싶습니다.

오늘 제가 드리고자 하는 말씀은 우선 우리 일행이 처음 도착한, 오사카의 관문이라 할 수 있는 간사이국제공항에 대해서입니다. 2년 전 제가 행정자치부 차관 시절 이곳에 출장을 와서 바다 한가운데 인공으로 섬을 만들어 공항을 건설했다고 해서 놀란 기억이 있었는데 다시 봐도 엄청났습니다.

가이드의 설명을 들으니 우리가 출발한 인천국제공항과 흡사한

면이 많다고 합니다. 우리 인천공항도 두 개의 섬 사이를 메워 건설한 것인데, 이 공항은 오사카만 바다 한복판에 인공으로 섬을 만들었다는 것입니다. 바다를 메운 것은 비슷하지만 망망한 바다에 그냥 섬을 만들었다는 것은 크게 다르고, 또 그게 이 공항의 큰 고민으로 등장했답니다.

원래 오사카국제공항은 인구가 밀집된 도시 한복판에 있어 민원이 끊이질 않아 새로운 장소를 물색했었습니다. 도쿄의 나리타공항이 엄청난 민원에 시달리는 것을 보고, 도심보다 해안가를 생각했다가 아예 바다에 새로이 섬을 만들자는 발상의 전환을 했다는 겁니다. 일본은 아시다시피 지진과 태풍이 많은 나라입니다. 바다에 인공섬을 만들고 공항과 같은 매우 큰 시설을 건설한다는 것이 쉬울 리가 없을 것입니다. 최신 기술과 첨단공법이 동원되고 오랜 공사기간과 인력, 그에 따른 천문학적인 재정이 투입되어야 했습니다.

우여곡절을 거쳐 길이 4킬로미터, 폭 1킬로미터의 인공섬이 제안되었고 공학자들은 지진과 태풍의 극도로 높은 위험을 이겨내는 섬을 만들어야 했습니다. 건설은 1987년 시작되었습니다. 바다벽은 1989년에 완공되었는데 바위와 4만 8천 개의 8각 콘크리트 블록으로 만들어졌습니다. 1만 명의 노동자가 1천만 노동시간을 3년에 걸쳐 일했으며 80여 척의 배가 사용되었다 하니 그저 놀라울 따름입니다.

그렇게 1994년 문을 연 간사이국제공항은 바다 밑에 최첨단 컴퓨터 설비를 갖추고 지상과 하늘을 통제합니다. 또한 이 공항은 완공 직후 겨우 20km 떨어진 곳에서 1995년 발생한 한신-아와지 대지진으로 6,443명의 사망자가 나온 대참사에서도 유리창 하나 깨지지 않을 정도의 완벽한 시공을 자랑했다고 합니다.

그러나 문제는 있었습니다. 바로 지하수 침투로 인한 침하입니다. 가라앉는 것이지요. 수백 미터 지하의 기반에 지금 금속판을 깔아놓는 것으로 부등침하는 막는 모양인데, 이건 마치 책상이 흔들릴 때 종이를 괴는 것과 같은 것이니 근본대책은 되지 못합니다. 그렇다고 어마어마한 지상의 시설을 위로 들어 올릴 수도 없는 노릇이니 무척 고민인 모양입니다. 아마도 배보다 배꼽이 큰, 천문학적인 보수공사비가 들어가겠지요.

결국 이 공항은 미래지향적 시설임에 틀림없지만 가장 기본적인, 건설부지에 대한 안목의 실패로 보아야 할 것 같습니다. 과학이 아무리 첨단이라도 자연에 대한 면밀한 이해와 고려를 하지 않으면 안 된다는 교훈일 수도 있을 것입니다.

오늘도 최고의 날이 되십시오.

과학축전 참관기 2
– 교토대학 지자기연구센터 (2009-09-10)

일본에 도착하자마자 곧바로 교토로 가서 교토대학의 지자기연구 센터를 견학하였습니다. 우리나라의 경주와 비견할 수 있는 교토는 일본에서도 제일 문화재가 많이 있는 고도입니다.

교토대학은 1897년 도쿄대학 다음에 설립된 국립대학으로 유서가 깊은 곳이지요. 제가 대학 다닐 때 은사선생님이 교토대 출신으로 학교 자랑을 많이 하셔서 인문학 분야에서만 대단한 줄 알았더니 그게 아니더군요. 일본의 최초 노벨상 수상자인 유카와 히데끼 등 일본인이 배출한 12명의 노벨상 수상 학자 중 6명이 교토대 출신일 정도로 과학 분야에서도 이름을 날리는 대학이었습니다.

이름도 생소한 그 지자기연구센터에 들어서니 허름한 차림의 과학자 몇 분이 나오셔서 극진히 맞아 주셨습니다. 세세한 안내와 설명을 해주어 1시간의 일정이 2시간으로 늘어나 버렸지요.

지자기(地磁氣; *earth magnetism*)란 지구의 내부에 뜨거운 액체형태의 물질이 움직이고 있는데 이에 따라 나타나는 자기를 말한다고 합니다. 지구는 하나의 천연자석으로 그 양극은 북극, 남극 부근에 있다고 합니다. 나침판의 바늘이 남북을 가리키는 것도 그 때문이라고 합니다.

이 지자기는 태양면의 활동에 따라 세기와 방향이 바뀌게 되어 연구센터에서 이를 측정하는 한편 전 세계의 측정자료를 모아 분석도 하고 있다고 합니다. 특히 바다 밑 5,000m에서 1년간 측정하는 장비를 보여주며 설명할 때는 꽤 힘을 주어 자랑을 하는 것이었습니다. 그 당당한 모습에 부럽기까지 했습니다.

설명을 들으면서도 왜 지자기의 측정이 중요한지에 대한 의문이 풀리지는 않았습니다. 그래서 물었더니 지자기를 측정하여 지구 내부구조를 연구하고, 지상에서는 지진과 쓰나미 같은 외적 변화를 추측할 수 있을 것이라는 대답이었습니다만 확실히 밝힐 수 있는지는 불분명하다는 것이었습니다.

그러나 제가 생각하기에는 이렇게 당장 눈앞에 확실한 성과를 얻을 수 없는 기초적인 과학 분야에서도 교토대학 연구센터에서는 열정을 갖고 연구한다는 것에 놀랐고 참으로 우리가 배워야하겠다고 느꼈습니다. 이런 점이 교토대학에서 노벨상 수상자를 여럿 배출한 원동력이 되지 않았을까요?

우리나라의 이공계 기피현상과 기초기반 연구분야의 취약성에 대
해 걱정을 해보게 된 교토대학 견학이었습니다.

오늘도 최고의 날이 되십시오.

2009년이 '세계천문의 해'라는 사실을 아시는지요? 저도 사실은 오사카 과학축전에 와서야 알았습니다. 그러고 보니 밤하늘에 별을 본 것이 언제였는지 모를 정도로 청주의 밤도 별을 가리는 불빛으로 가득 찬 것 같습니다.

그 옛날 북두칠성과 카시오페이아 사이에서 북극성을 찾고, 사각형의 오리온을 찾으며 견우와 직녀의 이야기를 들었던 기억이 아련합니다. 그러나 천문학의 엄청난 발전은 옛 전설을 추억 속에 묻어 버리고 우주의 실체를 하나하나 벗겨가고 있습니다.

세계천문의 해는 갈릴레이가 망원경을 이용하여 천체를 관측한 지 400년이 지난 것을 기념하여 세계천문연맹과 유네스코가 제의한 것을 유엔이 결의하였고, 우리나라 국회에서도 이를 받아들이기로 결정하였다고 합니다. 우리나라 조직위원회에서는 이 지정이 천문

관측에 대한 관심을 높이고, 나아가 기초과학에 대한 이해를 넓히기 위한 것이라고 밝히고 있습니다.

유엔의 취지를 살려 오사카 과학축전은 천문우주를 중심으로 물리, 화학, 생물 등 기초과학에 관한 부스를 설치하고 철저히 참여 형식으로 운영하고 있었습니다. 개장시간인 10시 전부터 수백 명의 어린이와 부모들이 손을 잡고 줄을 서 있는 모습이 무척 인상적이었습니다. 내용도 아주 어린 미취학아동에서 대학생층을 대상으로 한 것까지 폭넓게 구성되어 있었고, 모든 것이 철저하게 자원봉사자에 의해 운영되고 있었습니다.

이 축전의 실행위원장을 맡은 오사카 시립과학관장의 말에 따르면 첫해에만 지방정부가 주최하였고 그 후 18년간은 민간 주최로 자원봉사자에 의해 운영이 되고 있다고 하였습니다. 참여하는 자원봉사자들은 주로 은퇴한 중고교 과학담당 교사와 대학교수들이었고 과학 서클에서 활동하는 대학생, 중고교 학생도 일부 있었습니다.

장소도 과학관에서 열다가 참관인원이 늘어나 '하비스홀'로 옮겼다고 하였습니다. 중요한 것은 내용인데, 같이 참관하신 우리 과학 선생님들 말씀으로는 일반인들에게 상당히 관심을 끌 수 있을 만큼 재미있는 것이 많고, 특히 새로운 내용으로 업그레이드된 것이 돋보인다고 하였습니다.

정말 일본이 과학 분야에서 서구에 못지않게 노벨상 수상자가 많이 나오는 이유를 알 것 같았습니다. 기초과학에 대한 저변의 확대, 이것은 우리에게 시급한 일입니다. 지방정부도 손을 놓을 수는 없다는 사실을 깨달았습니다. 오늘 밤이라도 한번 밤하늘을 올려다보시고 별자리를 찾아보시기 바랍니다.

오늘도 최고의 날이 되십시오.

과학축전 참관기 4

– 오사카시립과학관 (2009–09–17)

이번 과학축전은 일신여고 학생들과 함께 참관을 하였습니다. 1~2학년 중에 과학에 관심이 있는 학생들이 참여하였는데 모두 다 예쁘고 착하고 말을 잘 듣는 학생들이었습니다. 특히 제가 고2 딸을 데리고 다니는 기분이라 아주 좋았습니다.

제가 놀란 것은 아이들의 왕성한 호기심과 활동력이었습니다. 저 야 일본 출장을 여러 번 왔기에 숙소에 오면 외출을 하지 않고 선생 님들과 함께 쉬면서 얘기하는 것으로 보냈습니다. 하지만 아이들은 언제 누구에게 배웠는지 왕성한 호기심에 못 이겨 한 시간 이상 걸리 는 전철을 타고 일본말 한 마디 못하면서도 보고 싶은 곳을 찾아다니 는 적극적인 모습이었습니다. 나중에 선생님들께 들으니 이미 인터 넷으로 오사카를 샅샅이 연구하여 자기들 볼 곳, 먹을 것, 또 부모님 이나 언니, 오빠들에게 줄 선물을 결정해서 왔다고 합니다. 마냥 어 린애로 철부지로 생각했던 우리 딸들이 적극적이요 능동적으로 일본에 와서도 주눅 들지 않고 주름잡고 다니는 것이 한편으로 대견하다는 생각을 하였답니다.

과학축전 3일째에는 과학관과 기술관을 견학하였습니다.
과학관은 오사카시에서 운영하더군요. 일본의 광역지방자치단체는 47개 도도부현으로 되어있는데 오사카시는 오사카부府 아래의 자치단체라 할 수 있습니다. 들어가 보니 참 잘해놓았더군요. 연령대에 맞추어 알기 쉽고 재미있게, 그리고 최신 과학정보에 따라 체험식 위주로 꾸몄더군요. 아주 어린 초등학교에서부터 중고생 그리고 어른들에게까지 과학을 생활 속에서 이해할 수 있도록 한 게 인상적이었습니다.

이번에 같이 온 학생들에게 제가 일했던 '바이오엑스포'를 봤느냐고 물었더니 대부분 보았다고 해서 반가웠습니다. 그래서 그중 기억에 남는 것이 무어냐고 물었지요. 그랬더니 이구동성으로 '걸리버'를 얘기합니다. 그렇지요. 애들이 고 1, 2학년이면 그때가 초등학교 3, 4학년일 때입니다. 당연하다는 생각이 들었습니다. 인체를 설명하려고 가로 50m, 세로 20m의 대형 걸리버를 부드러운 재질로 만들어 아이들이 입을 통해 들어가서 식도, 위장, 심장, 폐를 거쳐 창자를 통하여 항문으로 나오는 전시관은 엄청난 인기 코너였습니다.

바로 그런 것 같습니다. 어린 시절 보았던 것이라도 재미와 학습이 되는 것이 교육에 중요하다는 것을 말입니다. 일본의 과학관과 기술관이 그런 것 같습니다. 재미와 학습을 같이 추구하고 있습니다. 과학관은 시市가 운영하고, 기술관은 30여 개 기업, 기관, 단체에서 자체 비용으로 전시코너를 마련하고 있었습니다.

우리 충북은 옛날 교동초등학교 자리에 교육과학연구원을 두고 전시관도 갖추어놓았습니다. 나름대로 선생님들께서 애를 쓰시고 있지만 예산 등의 사정으로 아직 부족한 면도 있습니다. 꼭 일본과 같진 않더라도 지방자치단체에서도 참여하는 방안을 찾아봐야 하지 않나, 그리고 오사카기술관과 같이 관련 기업들이 힘을 모으는 방안은 없을까 하는 생각도 해보았습니다.

어린 꿈나무에게는 꿈을 심어주고, 어른들에게는 생활 속의 과학을 이해시키며 미래 과학강국으로서의 대한민국과 과학강도 충청북도를 그려볼 수 있는, 그런 것을 가졌으면 하는 소망으로 말씀드립니다.

오늘도 최고의 날이 되십시오.

제가 태어난 곳은 집 뒤로 무심천이 휘돌아가는 청주시 남주동입니다.

당시 무심천에는 장날이면 제방 위로 집채만한 나무를 지게에 얹어놓고 땔감 사러 오는 사람을 기다리는 나무꾼과 여러 가지 잡화를 늘어놓고 앉아 손님을 기다리는 장꾼들로 번잡했던 기억이 생생합니다. 방죽 아래 공터에는 우시장이 있어 수많은 소들이 나와 있는 모습도 눈에 선합니다.

여름에는 무심천에 내려가 발가벗고 멱 감던 일도 생각납니다. 그때는 지금처럼 대청호에서 강제로 펌프질을 하지 않더라도 물이 제법 있었고, 또 물에 뛰어들어도 좋을 만큼 맑았지요. 그러나 비가 억수같이 쏟아져 홍수라도 나게 되면 물이 엄청나게 불어나 제방 너머로 넘칠 듯이 천이 흘러가는 광경도 잊을 수가 없습니다. 철없던 어린 나이 때는 무척 신나는 구경거리였습니다. 그 엄청난 물 위로 살

림살이는 말할 것도 없고 돼지나 소 같은 가축들이 떠내려가는 것도 보았으며 심지어 초가지붕이 둥둥 떠내려 오기도 했습니다. 홍수로 재산을 송두리째 잃은 사람들의 아픔은 생각도 못한 채 물구경에 정신을 차리지 못했던 겁니다.

홍수는 주로 태풍으로 인한 집중 호우 때문에 일어나게 됩니다. 매년 100여 개의 대형저기압이 만들어지고 이중 30개 정도가 태풍으로 발전한다고 합니다. 우리나라는 자료를 보니까 1년에 3회 정도는 규모가 큰 태풍이 와서 재해를 일으킨다고 합니다.

태풍은 북태평양의 남서부에서 만들어지는 대형열대성저기압을 말합니다. 남반구의 고온다습한 남동풍과 북반구의 북동풍이 적도 부근에서 만나서 지구자전 때문에 시계 반대 방향으로 나가는 강력한 회오리바람을 일으키게 됩니다. 이 바람이 수온 27도 이상의 바닷물이 증발시킨 수증기를 머금고 강력한 태풍이 됩니다.

태풍으로 인한 피해는 말할 필요도 없을 겁니다. 막대한 재산 피해는 물론 귀중한 인명의 피해도 엄청납니다. 우리나라의 자료를 보면 1930년대에는 1,000여 명 이상의 목숨을 빼앗아갔습니다. 1959년의 유명한 태풍 '사라' 때에도 무려 849명이 목숨을 잃었습니다. 재산 피해도 2002년의 태풍 '루사', 2003년의 태풍 '매미'에 의한 피해액이 4~5조 원에 이르니 얼마나 큰 손해입니까?

이제는 선박, 비행기와 인공위성까지 이용해서 태풍의 발생으로부터 이동경로까지 밝혀 피해예방에 큰 성과를 거두어 인명과 재산손실을 줄였다고 합니다. 그러나 아직도 예측능력에 한계가 있는 것이 사실입니다. 2013년 11월에는 인류 역사상 가장 강력한 태풍인 '하이옌'이 발생하여 필리핀을 강타했습니다. 특히 시속 379km에 달하는 순간 풍속을 기록할 만큼 위력적인 '슈퍼태풍'으로 분류됐습니다.

필리핀 타클로반 지역을 강타하여 현재까지 사망자만 6,000명을 넘어섰고 실종자 역시 2,000명에 이른다고 합니다. 천문학적인 피해규모는 말할 것도 없습니다. 문제는 이런 슈퍼태풍이 우리나라에 들이닥치지 않으리란 보장이 없다는 사실입니다. 소 잃고 외양간을 고치는 우를 범하지 않고 미리미리 만전을 기하는 자세가 중요합니다.

오늘도 최고의 날이 되십시오.

노벨상

올해 노벨상(2009년)이 지난 달 발표되었습니다만 우리나라 사람은 또 받지 못했습니다. 수상자를 보니 13명인데 그중 미국인이 9명입니다. 역시 강대국으로서 기초과학에 대한 연구와 투자가 대단하다는 점을 실감케 합니다.

노벨상을 받은 학자들이 왜 대단한가를 저는 2002년 바이오엑스포 사무총장으로 일하면서 알게 되었습니다. 지금의 오송 생명과학단지를 세계에 알리기 위해서는 전시 위주의 엑스포도 중요하지만 이것은 어디까지나 당시 생소하였던 생명과학의 세계를 도민들에게 설명하기 위한 것이었습니다. 따라서 오송단지를 위해서는 생명과학의 세계적 전문가를 대거 초청하여 최고 수준의 학술대회를 개최하는 것이 필요하다고 하여 준비하게 되었었습니다. 바로 그러한 과정에서 노벨상수상자의 권위를 알게 되었고, 그들이 얼마나 많이 자기 자신의 삶을 연구에 던졌기에 노벨상을 받았는지를 알게 되었습니다.

당시 우리나라 바이오벤처의 개척자였던 바이오니아 박한오 사장이 2001년에 노벨의학상을 받았던 폴 너스*Paul Nurse*라는 학자를 초청한 이야기를 들었습니다. 그 학자와 기술적 협의와 자문을 받은 뒤 식사를 하고, 우리나라 노래방에 가서 여흥을 즐겼던 모양입니다. 그런데 박 사장이 놀란 것은 50대 학자로서, 나이로 보아 우리나라에서는 당연히 알아야 할 비틀즈의 노래를 전혀 모르고 있다는 사실이었답니다. 이유를 물어보니 젊은 시절 연구에 시간을 보내다 보니 당시 유행하고 있던 노래가 무엇인지 가수가 누구인지 전혀 관심을 두지 못했다는 겁니다. 그 정도로 자기를 던져야만 노벨상을 받을 수 있는 것인지 몰랐다는 거지요.

사실 우리나라 과학자들도 연구에 시간이 모자라 식사하는 시간도 잠자는 시간도 아까울 만큼 바빠 여가를 즐긴다는 생각은 꿈도 못 꾸는 분들이 수없이 많습니다. 국내뿐만이 아니라 바이오엑스포를 준비하면서 미국에 가서 보니 대부분의 큰 연구소와 유명대학의 연구 랩(실험실)에서 많은 한국인 과학자들을 만날 수 있었습니다. 동양에서는 중국인 다음으로 우리나라 학자가 많았습니다.

그때 많은 일을 도와주신 안창호 박사(현재 렉스진이라는 바이오벤처의 CEO) 같은 분도 FDA(*Food and Drug Admnistration* ; 미국식품의약안전청), NIH(*National Institute of Health* ; 국립보건원)에 연구원으로 근무하면서 연구에 시간을 투자한 이야기를 해주시는데 참 눈물이 났던 기억이 생생합니다. 어느 크리스마스 날 저녁, 집에 가지 못하고 차가운 냉기가 감도는 연구실에서 실험을 해야 했던 일 등 많은 일들이 있더군요.

그럼에도 우리나라에 아직 노벨상을 받은 학자가 없는 이유는 무엇일까요? 많은 분들이 국력의 차이와 노벨상도 로비가 아닐까라는 문제를 들고 있습니다. 물론 그런 면이 완전히 없다고 제가 단정할 수는 없습니다만 문제는 우리나라의 기초과학에 대한 투자부족이 아닐까 생각합니다. 너무 응용과학에 치우치고, 즉시 산업화할 수 있는 분야에 투자가 편중되는 게 아닌지 모르겠습니다.

2009년 노벨상 수상자도 평화상의 오바마 대통령과 문학상의 헤르타 뮐러 그리고 경제학상의 엘리노어 오스트롬과 올리버 윌리엄슨을 제외한 과학 분야는 기초과학의 충실한 기반 위에서 선정되었다고 합니다. 전문가가 아닌 저로서는 자세히 모릅니다만 생리의학상에서는 노화와 암을 해결할 수 있는 실마리로써 세포노화과정을 규명한 연구로, 물리학상에서는 광섬유통신의 연구로, 화학상에서는 리보솜의 형태를 규명한 연구로 수상하게 되었다고 합니다.

그러나 저는 확신합니다. 우리나라 과학자들도 머지않아 노벨상을 수상하는 분들이 계속 이어질 것이라고 말입니다. 그러기 위해서는 우리 국민 모두 과학에 더 관심을 기울이고, 더 성원을 보내야 한다고 하겠습니다.

오늘도 최고의 날이 되십시오.

유기물 플라스틱 **태양전지**
– 이광희 교수

아직 노벨상을 우리나라 과학자들이 수상을 하지는 못했지만 그 가능성은 높다고 합니다. 한국과학재단이 세계적으로 인정받고 있는 우리나라 과학자들 12명을 골라 소개한 '노벨상을 꿈꾸는 과학자들의 비밀노트'라는 책을 읽고 크게 감명을 받았습니다.

실제 우리나라 과학기술의 발전은 국제학술지 발표논문을 보더라도 눈부시다고 합니다. 1981년 겨우 236건으로 세계 53위에 지나지 않았으나, 2007년에는 25,494건으로 세계 12위로 뛰어올랐다고 합니다. 사반세기 동안 약 100배의 증가라니 놀랍지 않습니까? 국제특허도 2007년 7,060건으로 미국, 일본, 독일에 이어 세계 4위의 특허 강국으로 우뚝 서게 되었다는 것입니다.

한국과학재단이 선정한 과학자들은 사이언스, 네이처, 셀 등 세계 3대 과학저널에 창의적인 연구논문을 게재한 석학들이라고 합니다.

그들의 이야기를 읽어보니 하루아침에 이루어진 것이 아니더군요. 모두가 시련과 고통을 이겨내고 얻은 성과물들이었습니다.

맨 처음 소개한 과학자는 광주과학기술원 신소재공학과 이광희 교수입니다. 그는 네이처와 사이언스 등에 '유기물을 이용한 플라스틱 태양전지의 개발'에 관한 논문을 발표하여 국제학계의 비상한 관심을 끌었다고 합니다. 이것은 태양광을 흡수하여 전기로 바꿔주는 부분이 유기물인 전지를 말한다고 합니다. 이미 개발된 실리콘을 이용한 무기물 태양전지에 비해 값이 싸고, 가볍고, 제작과정이 간단하다고 합니다. 또한 플라스틱을 소재로 했다는 점에서 휴대용 전자신문, 휴대전화를 비롯한 휴대용 전자기기, 입는 컴퓨터, 창문형 태양전지, 방한 의류, 미래 군사장비에 이르기까지 활용범위가 매우 넓은 새로운 시장으로 기대된다고 보고 있습니다. 2010년 태양전지 시장 규모를 340억 달러, 2050년에는 1,000억 달러 이상으로 확대될 것으로 예상하고 있는데, 이 교수가 기존과 다른 응용소자를 개발함으로써 세계시장을 주도할 것이라 생각한다고 합니다.

이러한 성과를 올리기까지 이 교수의 시련과 고난도 남달랐다고 합니다. 20년 전 가난한 과학후진국의 국비유학생으로 미국으로 건너가서 전도성 고분자 분야의 세계적 권위인 앨런 히거 박사와 인연을 맺고, 플라스틱 태양전지의 연구를 하게 된 과정이 감동적이더군요. 또 '운명적인 선물'이라는 아내에게 청혼할 때 이 교수가 한 말이 인상적입니다.

"스웨덴에서 왈츠를 추게 해주겠소."

노벨상이 수여되는 스웨덴에서 왈츠를 추게 해주겠다는 프로포즈, 그야말로 과학자다운 청혼이었습니다. 그러나 그들의 신혼살림은 엄청 궁핍했다고 합니다. 아이가 아파 급하게 병원에 가게 되었을 때 택시비 4,000원의 절반인 2,000원밖에 없어 절망했던 일을 잊지 못한답니다. 그래서 국비유학을 결심하고 미국으로 건너갔는데 역시 고통은 없어지지 않았다고 합니다.

그들이 역경을 극복할 수 있었던 것은 이 교수의 학문에 대한 열정, 오로지 그것뿐이었다고 합니다.

"노벨상 수상은 개인적인 감격을 넘어 국가적인 감동이 될 것입니다. 저는 미래과학을 이끌어갈 우리나라의 청소년들이 이런 감동과 영광을 안게 되기를 바랍니다. 저는 믿습니다. 우리 젊은 과학도들이 노벨상을 수상하리라는 것을."

후학들에게 거는 이 교수의 기대라고 합니다. 저도 이런 날이 가까운 시일 내에 오리라고 믿습니다.

오늘도 최고의 날이 되십시오.

마음
읽기

상영된 지 꽤 되었습니다만 사람의 마음을 들여다보는 것을 소재로 한 영화 '왓 위민 원트*What Women Want*'를 기억하시는지요? 멜 깁슨*Mel Gibson*이라는 호감 가는 배우가 주연을 맡았지요, 여자배우는 미녀는 아니지만 연기파 배우로 저도 무척 좋아하는 헬렌 헌트(*Helen Hunt*: '이보다 더 좋을 수 없다'라는 영화에서 잭 니콜슨과 함께 주연을 맡아 둘 다 아카데미 남·녀 주연상을 탔습니다)가 나온 영화입니다.

내용은 비현실적인 코미디물입니다. 광고기획사에 근무하는 멜 깁슨에게 헬렌 헌트가 상사로 들어와 처지가 어렵게 되자, 멜 깁슨이 능력을 발휘하고자 애쓰는 과정에서 갑자기 여자의 생각을 읽게 되는 초능력을 갖게 되어 일어나는 일과 사랑 이야기를 가볍게 그린 것입니다. 특별히 감동적인 부분이 있는 것은 아니지만 사람의 마음을 읽는다는 소재 때문에 이야기를 꺼낸 것입니다.

사람이 사람의 마음을 정말 읽을 수 있다면 어떻게 될까요? 아마도 많은 오해는 없어지겠지요. 사소한 일 때문에 헤어진다든가 원수가 되는 일은 없어지겠지요. 하지만 깊이 생각해보면 막상 좋기만 하지는 않겠지요. 주인공이 겪은 것처럼 알지 않았으면 하는 상대의 속마음까지 읽고 나서 느끼는 좌절감도 만만치 않을 듯합니다. 그러기에 조물주는 인간이 인간의 마음을 쉽게 알지 못하도록 했는지 모릅니다. 그러나 오랫동안 많은 사람들이 인간의 마음을 알기 위하여 노력을 해왔고, 그에 따라 심리학이란 학문이 발전해왔다고 할 수 있을 것입니다.

한국과학재단이 노벨상을 꿈꾸는 우리나라 과학자 12명 중 한 명에 심리학자인 서울대 이상훈 교수를 선정한 것은 이 같은, 사람의 마음을 읽는 일에 온몸을 던지고 있기 때문인 것 같습니다. 이 교수는 경남 고성이라는 시골 출신으로 당초 공부와는 거리가 먼, 놀기 좋아하는 소년이었습니다. 고등학교에 입학한 뒤 성적순으로 줄을 세우는 바람에 공부를 하지 않을 수 없어 열심히 하여 담임선생님으로부터 전국수석을 목표로 공부하라는 말을 들을 정도로 성적을 올렸다고 합니다. 그러다가 곧 성적을 위한 공부에 회의가 들어 학과 공부 대신 인생과 관련된 책들을 읽다가 '뇌과학', '마음의 신비'와 같은 책에 빠져들게 되고 이것이 심리학과로 진학하는 계기가 되었다고 합니다.

그는 심리학과를 졸업하고 미국에 가서 박사학위를 받고, 계속 연구를 계속하여 뇌 안에서 의식의 발자취를 따라 그 흐름을 추적하고 촬영까지 하는 데 성공을 하였습니다. 그의 연구 성과를 간략히 말씀드리면 이렇습니다.

우리 두 눈은 서로 조금 다른 이미지를 보는데, 두 눈이 경쟁을 한다고 합니다. 이를 '양안兩眼경쟁'이라고 한답니다. 이런 현상은 왼쪽과 오른쪽 눈에 들어오는 신경정보가 분리되어 있기 때문인데, 이렇게 들어오는 시각정보를 관찰하여 의식을 연구하는 것입니다. 자세한 내용은 너무 전문적이라 설명 드리기 어렵지만, 이 교수는 왼쪽과 오른쪽 눈에 각각 다른 이미지를 보여주면서 그것을 인지하는 의식에 대한 신경과학적 탐구를 한 것입니다. 그의 꿈은 무형의 마음에서 벌어지고 있는 시각현상을 정량화하고, 뇌의 활동도 정량적으로 측정하고, 마음과 뇌의 활동을 연결하는 계산적 모형을 만든다는 것입니다.

2004년부터 서울대에 와서 연구를 하고 있는 이 교수는 요즈음도 매년 겨울방학에 미국 뉴욕대학으로 가서 연구를 계속한다고 합니다. 언뜻 보면 1년에 한 번 미국에 휴가 가는 것으로 볼 수 있지만 사실은 전쟁하러 간다고 합니다. 뉴욕대학에 가면 장비를 임대하여 짧은 기간 실험을 마쳐야 하기에 주말도 없이 새벽부터 한밤중까지 시간에 쫓기면서 연구를 하여야 한다는 겁니다. 두 달 내에 일 년치 데이터를 얻어야 한다니 짐작이 가지 않습니까.

"과학은 국가적 차원에서 즐겨야 합니다. 과학은 경쟁이 아니라 기여입니다. 이제 우리나라 과학계도 인류의 미래와 행복을 위해 기여해야 할 시점에 와있습니다."라고 말하면서 오늘도 시간을 쪼개 쓰는 이 교수의 모습에서 과학강국으로서의 우리나라, 그 밝은 내일을 봅니다.

오늘도 최고의 날이 되십시오.

플라스틱으로
지구온난화 해결

저는 청주시 남주동에서 초등학교에 입학했다가 집안 사정으로 지금 청주시청이 있는, 청주역 앞쪽의 판잣집으로 이사를 했었습니다. 집은 좁았지만 마당은 널찍하고 가운데에는 우물이 있었습니다. 어머니는 그 우물에서 먹을 쌀과 반찬을 씻었고, 빨래를 하셨고, 또 우리 형제를 벗겨 목욕을 시키기도 했지요.

그때 요긴하게 사용한 것은 바가지였습니다. 우물에서 길은 물을 바가지에 담아 아이들 몸에 뿌리고 머리를 감기던 어머니 손길을 생각해봅니다. 또 갖가지 반찬을 넣고 빨간 고추장에 참기름을 둘러 비벼준 바가지 비빔밥의 감칠맛도 생생합니다.

그러다가 언제부터인지 플라스틱이 나와 바가지를 볼 수 없게 되었습니다. 쉽게 깨지는 바가지에 비하여 튼튼한 플라스틱 바가지는 금방 우리 생활에 없어서는 안 될 생활필수품이 되었습니다. 우리가 흔히 보던 바께쓰(*bucket*의 일본식 발음; 우리 말로 양동이)도 플라스틱이요, 웬만한 그릇은 거의 플라스틱으로 만들어졌다고 봐야겠지요. 종전에 철로 만들었던 물건들이 이젠 플라스틱으로 대체되어 플라스틱을 쓰지 않을 수 없게 된 것입니다.

플라스틱이란 물질은 '고분자(高分子: *polymer*)'를 가리키는 말로, 물질의 특성을 나타내는 최소단위인 분자가 1만 이상인 분자를 말한다고 합니다. 1920년경 독일의 슈타우딩거라는 학자가 고분자를 만드는 이론을 처음 발표한 이후 플라스틱이라는 단어가 등장했다고 합니다. 그 중에서도 금속을 대체하는 플라스틱은 1956년 개발되었다고 하니 불과 50여 년 동안에 우리 생활필수품으로 자리 잡은 것입니다.

그러나 이 플라스틱도 이제는 환경오염의 주범으로 인식되고 있습니다. 그것은 잘 썩지 않고 불에 타면 매연과 환경호르몬 등이 발생하고, 제작과정에 엄청난 연료가 필요하며 이산화탄소가 발생된다는 점 때문이라 할 수 있습니다.

이 지구온난화의 원인인 이산화탄소를 잡는 플라스틱을 우리나라 과학자가 세계 최초로 개발하게 되었습니다. 바로 한양대학교 응용화공생명공학부 이영무 교수입니다. 그는 2007년 10월 〈사이언스〉에 발표한 논문을 통하여 이산화탄소를 효율적으로 분리해 낼 수 있는 플라스틱 소재를 개발했다고 밝혔습니다. 이 교수가 개발한 방법이 상용화되면 화력발전소와 같은 온실가스 배출원으로부터 이산화탄소 기체만을 선택적으로 투과시키고, 질소 기체로부터 분리하여 대기 중 온실가스 농도를 낮출 수 있다는 겁니다.

우리나라는 자동차 배기가스 등 정확히 측정할 수 없는 것들을 모두 제외하고도 화력발전소에서만 이산화탄소를 1년에 약 1.5억 톤 정도를 배출한다는데 이것이 지구온난화의 주범일 뿐만 아니라 돈이라는 것이 문제인거죠. 현재 이산화탄소의 톤당 처리단가가 120달러인데 30달러로 낮추는 것이 세계적인 목표입니다. 이 교수가 개발한 방법이 상용화될 경우 15달러로 낮출 수 있다고 하니 얼마나 대단합니까?

이 교수는 한양대학교에서 석사과정을 마치고 미국 노스캐롤라이너대학으로 가서 박사과정을 이수한 후, '포스트잇'으로 유명한 3M에 연구원으로 들어가 연구를 한 뒤 다시 모교인 한양대학교로 와서 계속 연구를 하고 있는 분입니다.

그는 이산화탄소를 분리하는 플라스틱 소재와 같은 고분자연구를 통하여 그 연구 범위를 더 한층 확대해나가고 있습니다. 연료전지, 공기정화기, 인공피부 등 다양하고 실용적인 연구를 진행하고 있는 것이지요.

그러면서도 박사는 기초과학의 중요성에 대하여 역설하고 있습니다. 기초과학은 과학의 뿌리이기에 온 국민들이 더 많은 관심을 보여야 한다고 말하고 있습니다. 그 역시, 고분자연구에 30년을 바쳤지만 앞으로도 계속 연구를 할 것이라고 의욕을 보이고 있습니다. 이렇듯 이 교수와 같은 분들의 힘이 우리나라를 과학강국으로 우뚝 서게 만들 것으로 믿습니다.

오늘도 최고의 날이 되십시오.

또 하나의 우주

우리는 아직 자연이 보여준 모습의 10만분의 1도 모른다.
― 알버트 아인슈타인

우리는 숨 돌릴 틈 없는 일상 속에서 하루하루를 보냅니다. 이 삶이, 우리를 둘러싼 이 환경이 얼마나 큰 경이로움으로 가득한지 알지 못합니다. 하지만 과학의 발전은 두 눈으로 그 경이의 실체를 들여다볼 수 있게 해주었습니다. 조금만 더 관심을 기울이면 펼쳐지는 전혀 다른 세상. 그 찬란하고 아름다운 광경을 '과학'을 통해 확인하시기 바랍니다.

옷색깔과 민주주의

　일신여고에서 서강대 화학과 교수인 이덕환 박사님의 특강이 있어 참석하게 되었습니다. 제목이 '염료와 민주주의'로 다소 특이했습니다. 그러나 강의를 들으면서 저도 모르게 무릎을 칠 만큼 뜻깊은 자리였습니다. 또 하나 놀라운 것은 이런 좋은 기획을 하신 교장선생님과 일신여고 선생님들의 높고 넓은 안목이었습니다. 다소 딱딱하고 어려운 내용임에도 초롱초롱한 눈망울로 강의에 집중하는 일신여고 학생들의 수강 자세가 그 자체로 감동이었습니다.

　과학의 대중화를 내세우면서 직접 몸을 아끼지 않는 이 교수님의 강의는 "물질문명이 최고도로 발달하여 우리 생활이 윤택하고 부족함이 없어져 그에 대한 반작용으로 천연물질에 대한 이유 없는 동경이 나오게 되었지만 그것은 과학을 잘못 이해한 데 기인한 점이 많다."라는 내용이 주 기조였습니다.

　한마디로 천연물질은 두 가지 문제점이 있다는 겁니다. 첫째, 너무나 양이 적다는 거죠. 많은 생명체를 죽이고 거기서 얻어내는 물질의 양이 지나치게 적다는 것입니다. 둘째, 천연물질이라고 무조건 우리에게 좋은 것이 아니라는 겁니다. 천연물질도 과다하면 우리에게 독이 된다는 것입니다.

이 박사님은 사례를 들었습니다.

옛날 왕이 입던 보라색 옷은 보라색염료를 얻어야 하는데 이 염료는 지중해에 서식하고 있는 소라에서 얻었다는 것입니다. 그런데 소라 1만2천 마리를 잡아서 2주 동안 7단계의 제작과정을 거쳐야 겨우 1.4g의 염료를 얻을 수 있어 옷 한 벌을 보라색으로 하려면 수십만 아니 수백만 마리의 소라를 잡아야만 했다고 합니다. 그러니 이런 색의 옷을 누가 감히 입을 수 있겠습니까? 왕으로서도 그런 옷을 자기 말고 입은 사람이 있다면 기분이 좋지 않을 것 아니겠습니까? 아마 사형에 처했을 거라고 하더군요. 엄격한 신분제 사회의 상징으로 옷 색깔을 구분하는 것은 이처럼 유럽 말고 중국과 우리나라 역사에도 나오고 있습니다. 그것은 분명히 이같이 옷을 염색하는 천연염료의 한계 때문에 생겨난 것으로 보입니다.

또 얼마 전 석면으로 많은 사람들이 암의 위험에 노출된 사건으로 식약청이 발칵 뒤집힌 사건이 발생되었는데 사실 이 석면이 합성물질이 아니라 천연물질이라는 것입니다. 석면이 적으면 문제가 없지만 이것도 일정 수량을 넘어서게 되면 우리 폐 속에서 그대로 분해되지 않아 심각한 질병을 일으킬 수 있다는 것입니다. 무조건 천연물질이 좋은 게 아니라는 걸 잘 보여주는 사례라고 합니다.

천연물질이 갖는 양의 한계는 1856년 영국의 화학자인 퍼킨박사가 산업폐기물인 콜타르에서 '모브'라는 합성염료를 만드는 데 성공함으로서 깨졌습니다. 보라색염료가 아주 싼값으로 나오게 됨으로써 누구나 보라색 옷을 입게 되어 왕만의 보라색 옷은 빛이 바래진 거죠. 소라 대신 인디고라는 식물에서도 추출했던 모양인데 영국에서는 재배할 땅이 없어 인도에서 대량 재배했다고 합니다. 이들 업자들이 인디고를 재배하니 식량 재배를 못하게 되었지요. 그런데도 이들 업자들은 영국의회에 이 '모브'라는 합성물질의 생산을 중단시키라고 탄원을 했다고 합니다. 어처구니없는 일이었지요. 지금 옷 색깔 가지고 신분을 차별할 수는 없습니다. 이제는 브랜드, 디자인 가지고 차별화하는 것이고 가격도 그에 따라 달라지는 것입니다.

2002년 월드컵 때 우리 국민 모두가 입었던 붉은 악마 T-shrts는 아마 수십만 벌 아니 수백만 벌일 텐데요. 그걸 천연염료로 만들기는 불가능합니다. 역시 '알리자린'이라는 합성연료가 있었기에 가능했습니다. 그때 그보다 더 우리 국민의 일체성을 보여준 일이 있었을까요. 신분차별 없이, 모두가 똑같은 감정을 가지고 응원하여 온 국민이 하나가 되었습니다. 이것이 진정한 민주주의가 아닌가 합니다.

그러나 합성물질이 무조건 좋다고 하는 것은 아닙니다. 흔하다고 값이 싸다고 마구 만들고 낭비하는 것도 문제이지요. 보다 안전하고 기능이 보강된 고급합성물질이 만들어져야 합니다. 그러면서도 환경친화적인 염료가 등장해야 할 것입니다. 여기에서 한 차원 더 높은 과학의 힘이 필요합니다. 미래과학에 한계는 없습니다. 개인의 자유와 평등이 보장되고 그리고 경제력을 뒷받침하는 힘의 원천이 바로 과학의 힘이라는 생각입니다.

오늘도 최고의 날이 되십시오.

소립자
이야기

　제가 고3이 되었을 때 한 학년 위 선배들의 입학시험에서 천재가 한 명 나와 세상을 떠들썩하게 만들었던 일을 지금도 기억하고 있습니다. 그 천재는 지금도 천재로 서울대학교 물리학과에서 연구에 전념하고 있으며 아마도 우리나라 학자 가운데 가장 노벨상에 가까이 있는 사람으로 평가받고 있습니다.

　그 학자의 이름은 '임지순'이라고 합니다. 얼마나 천재였는지는 다음 일화를 보면 알 수 있습니다. 당시 박정희 대통령의 3선개헌 반대 운동이 한창이었는데 이 분도 열심히 가담하여 아마 퇴학처분을 내리라고 정부에서 이야기를 한 모양입니다. 그때 교장선생님이 대통령에게 직접 사정하여 3개월 정도 무기정학 처분으로 마무리하고 공부를 계속하게 했답니다. 재미있는 것은 3개월 정도 학교를 다니지 않고 돌아와 치른 시험에서도 수석을 했다고 합니다. 차석과의 차이도 한참 났고요.

　이 분이 서울대 물리학과에 지망하면서 전체수석을 차지한 뒤 가진 인터뷰에서 대학가서 '소립자'를 연구하겠다고 밝힌 모양입니다. 당시에 '소립자'는 고등학생으로서는 상상이 안 갈 정도의 고급 학술용어였기에 조선일보에서 사설로 이 이야기를 다루면서 이런 천재가 대학에서 열심히 연구할 수 있는 환경을 조성해야 한다고 게재한 글을 읽은 기억이 제게는 선명합니다.

　우리가 아는 물질의 최소 단위는 분자이고, 분자는 다시 더 이상 나눠질 수 없는 원자로 이루어졌다고 학교에서 배웠을 것입니다. 그런데 이 소립자는 원자보다 더 작은 물질의 구성단위일 것이라고 당시 최고 전문가들에 의하여 연구가 진행 중에 있었고, 일개 고등학생으로서는 알기가 어려웠던 것이라고 합니다.

　지금 이 소립자는 쿼크*quark*라는 통칭으로 불리며 이에 대하여 구글에서 살펴보니 다음과 같습니다.

　1897년 톰슨이라는 학자에 의하여 원자보다 더 작은 입자인 전자가 발견되었답니다. 1911년에는 러더퍼드라는 학자에 의하여 원자핵이 발견됨으로서 원자라는 물질의 구조를 확인할 수 있게 되었습니다. 그리고 1932년 채드윅에 의하여 양성자와 중성자가 발견됨으로써 소립자 세계의 연구가 본격적으로 시작되었습니다. 그 이후 입자가속기, 우주선 입자실험 등으로 100종류 이상의 소립자가 발견되어 원자보다 훨씬 더 작은 쿼크 세계에 대한 연구가 한창입니다.

현재 임지순 교수는 미국 버클리대학에서 박사학위를 받고, 메사추세츠 공과대학*MIT*에서 소위 포스닥(박사 후 과정)을 받은 후 모교인 서울대학교로 돌아와 후학을 가르치는 한편 연구에 몰두하고 있습니다. 그분이 1979년에 발표한 전자와 원자의 정밀한 구조계산법에 대한 논문은 한국과학자의 논문 중에서 세계 각국의 연구자들이 인용하는 횟수가 가장 많은 논문이라고 합니다. 지금 진행하고 있는 연구는 탄소나노튜브로서 물질변환에 관한 분야라고 하니 고등학교 시절의 관심을 그대로 이어가는 것 같습니다.

많은 사람들이 임 교수께 노벨상 최선순위 후보라고 말을 하면 과대평가라고 겸손해 하면서 우리나라 학문적 토양의 척박함에 아쉬움을 표시한다고 합니다. 그도 그럴 것이 임 교수님 시절만 해도 우리나라 수재들은 무조건 물리학과를 지망했었는데 요즈음에는 한의대, 의대로 몰리는 현실을 보면 알 수 있을 겁니다. 미국에서 물리학회 총회를 하면 무려 5,000명 이상의 학자들이 몰려와 밤낮 가리지 않고 5일 이상 열띤 토론을 벌이는 데 반하여 우리는 1,000여명을 넘기가 힘들고 그나마 낮에만 이틀 정도 한다고 하니 짐작이 갈 것입니다. 비단 물리학뿐만이 아니지요. 의대에서도 조금 힘이 들고 보상이 약한 기초임상 쪽이나 신경외과나 정형외과 쪽은 기피현상이 벌어진다는 현실은 다 마찬가지입니다.

과학자들의 열띤 연구에 의하여 우리의 삶은 많은 변화를 가져오고 문명은 발전했으며, 국가는 번영을 했습니다. 그러한 세계를 구축하는 데 일등공신인 과학자들이 마음 놓고 연구에 몰두할 수 있는 환경을 만들어 주는 일이야말로 국가가 해야 할 중요한 일이라고 생각합니다. 물질자원은 전무하고 인적자원은 풍부한 우리나라는 더 절실한 과제라고 믿고 있습니다.

오늘도 최고의 날이 되십시오.

달력
이야기

　며칠 전 달력을 보다가 대학 졸업반으로 취업 준비를 하고 있는 큰 애의 생일이 다가오는 것을 보고, 밥이나 사 주어야겠다는 생각으로 아내에게 말을 했다가 무안을 당했습니다. 올해는 20년마다 들어오는 윤5월이 있는 해(2009년)라 그 애 생일은 지난 달 이미 지나갔다고 합니다. 하긴 그 때 밥은 같이 못했지만 전화는 했던 기억이 나더군요. 생각해보니 이번 윤5월이 생일인 사람이 음력으로 생일을 쉰다면 생일을 20년에 한 번씩 맞이해야 한다는 이야기이니 재미있습니다. 당사자들은 억울하겠지만요.

　인류가 지구상에 출현하여 날수, 달수, 연수를 따져보고 기록하게 된 역사를 생각하면 신기합니다. 자료를 찾아보니 태양을 기준으로 밤낮이 바뀌니까 하루의 길이는 알 수 있겠습니다만, 그 모양의 변화가 없어 달의 변화를 가지고 따지는 음력의 사용이 먼저 나왔다고 되어 있습니다. 그것도 무려 30,000여 년 전 크로마뇽인들로부터라고 하니 놀랄 만하지요.

그 후 6,000여 년 전쯤 이집트인들이 나일강의 범람을 막기 위하여 1년을 365일 6시간으로 본 태양력이 사용되었고, 중국인들이 12달을 1년으로 한 태음력을 사용하였으며, 아메리카대륙의 마야인들이 해와 달, 금성을 관찰하면서 1년을 260일, 365일 두 가지로 한 달력을 만들었다고 합니다.

이후 음력과 양력은 나름대로 과학적 근거에 의하여 인류의 삶과 직결되어 사용되어 왔습니다. 또 그것은 자연현상과 맞물려 변화되는 것이므로 초자연적 현상이 일어나는 것에 대한 설명은 종교에 의하여 풀어지게 되어 각 종교마다 맞는 달력을 사용하게 되었습니다. 불교는 인도에서 1세기쯤 사용된 음력을 사용하게 되고, 이슬람교도 음력을 사용하고 있습니다. 기독교는 줄리어스 시저가 이집트 원정에서 당시의 태양력을 기원전 46년에 들여와 소위 '줄리우스력'을 사용하고 이를 콘스타니우스 황제가 공인을 하였다고 합니다. 유대인들은 유대력을 359년 따로 만들어 쓰고 있는데 이것은 정확히 태음태양력으로 사시사철은 태양력으로, 일·월은 태음력으로 사용하되 윤달이 19년 동안 7번이나 되는 복잡한 것입니다. 이것은 달이 뜨는 것을 기초로 하니까 1월 1일이 9월말 내지 10월초가 되어 새해 시작이 가을이 됩니다.

우리나라는 삼국시대 불교가 전래되면서 음력을 사용하게 되었다고 합니다. 그러다가 1895년 갑오개혁으로 그해 음력 11월 17일을 1896년 1월 1일로 하여 태양력을 사용하도록 하였습니다. 그 후 일제강점기를 거치면서 음력보다 양력을 강제로 사용하도록 하였고, 해방 이후 독립국가가 되어서도 세계적 추세에 맞춘다는 명분 아래 양력을 사용강제한 면도 있고 해서 음력이 마치 구시대적이고 비과학적인 것으로 생각되지만 그것은 잘못된 것입니다.

역사적으로 보더라도 생활 속의 일들은 음력이 정확하다고 합니다. 농사를 짓거나 고기를 잡는 어업에 있어 양력보다는 음력이 필수적입니다. 또한 우리 조상들도 음력만 사용한 것이 아닙니다. 계절의 변화는 태양의 변화와 같이한다는 사실을 깨닫고 그 절기에 맞게 1년을 스물넷으로 나누어 옛날부터 지금까지 사용해오고 있습니다. 엄밀한 의미에서 태음태양력을 사용해 오신 것입니다.

물론 지구를 동시에, 한 공간으로 하여 생활해야 하는 현대에 우리만의 음력을 고집하는 일도 맞는 것은 아니지만 이를 완전히 무시한다는 것 또한 비과학적이라는 말씀입니다. 윤5월이라는 시점에서 한번 생각해 보았습니다.

오늘도 최고의 날 되십시오.

EDPS

EDPS하면 무슨 말인지 모르시지요? 30년 전에는 이게 컴퓨터의 대명사인줄 알았습니다. 정확하게 말씀드리면 'Electronic Data Processing System'으로 '전자정보처리조직'이라고 할 수 있습니다. 지금 컴퓨터를 사용하기 위하여 이런 것을 전공하는 사람 이외에는 공부하는 사람은 없을 겁니다.

아침 신문에 난 기사를 보니까 일본 주부들이 '온라인 슈퍼'에 빠졌다는 내용이 나와 있었습니다. 일본 주부들은 장바구니 들고 시장을 가거나 슈퍼에 가지 않고 그날그날 필요한 반찬거리를 온라인으로 주문한다고 합니다. 쌀, 감자, 당근 등 식재료뿐 아니라 맥주, 화장지, 세제 등 거의 모든 잡화를 인터넷으로 구입한다는 것입니다. 2시간이면 집까지 배달이 된다고 하니 구태여 무거운 짐 들고 다닐 필요 없이 집에서 편하게 장을 보는 세상이 된 거죠.

물론 온라인으로 장을 보기 위해 EDPS를 알 필요는 없습니다. 그런데 저희들은 30년 전 신입 공무원으로 들어가기 위한 기초교육과정에 많은 시간을 들여 교육을 받았습니다. 자료를 '입력-기억-연산-제어-출력' 하는 5단계를 거치는 과정을 배웠지요. 그러면서 그에 대한 컴퓨터 언어라고 하는 COBOL, FORTRAN을 배워야 했습니다. 지금 이게 무엇인지 하나도 생각나지 않습니다. 하여간 앞으로 무척 중요하다고 해서 열심히 배우려고 했습니다.

잠시 컴퓨터 역사를 살펴보면요, 에니악*ENIAC*이라는 것이 세계최초의 전자계산기로 한 번 부팅에 여러 사람이 달라붙어 몇 시간 걸렸다고 합니다. 그 후 1945년에 프로그램이 내장된 에드삭*EDSAC*이라는 컴퓨터가 나오고, 이어서 유니박*UNIVAC*이라는 상업용 컴퓨터가 나왔답니다. 그러던 것이 불과 몇 십 년도 안 되어 컴퓨터는 비약적인 발전을 했고 손에 들고 다닐 만큼 간편해졌지만 기능은 몇 만 배나 높아졌습니다. 이젠 컴퓨터 언어보다는 새로 나오는 컴퓨터의 매뉴얼을 익히는 것이 더 시급하게 되었습니다. 사무실에서 업무를 처리할 때 개인용 컴퓨터는 필수적인 장비가 되었을 뿐 아니라 각 가정에서도 필수 가전으로 자리 잡았습니다.

최초 1세대 컴퓨터는 연산을 위해서 진공관을 부착하였습니다. 부팅에도 오랜 시간이 걸렸고 대부분 오프라인*off-line* 상태로 사용하였다고 합니다.

2세대 컴퓨터에는 보다 빠른 트랜지스터가 사용되어 온라인*on-line*

이 가능하게 되죠.

3세대 시스템에는 IC(집적회로)가 사용되었고, 입력을 위하여 OCR, OMR 등이 개발되었습니다. 얼마 전까지도 공공요금 부과와 납부할 때 사용된 지로용지가 이것입니다. 제가 1986년 충청북도청 전산 1계장으로 있을 당시 시청, 군청의 수도료 납부용지를 우리 전산실 요원들이 입력해주던 일이 생각납니다(충북도청이 전국의 시범도로서 전산화에는 선도적 지위에 있던 때였습니다).

4세대는 IC보다 작고 발열량도 작아진 LSI(고밀도 집적회로)가 사용되며 이로 인해 비로소 개인용 컴퓨터, 소위 PC가 나오게 됩니다.

현 5세대 컴퓨터는 VLSI(초고밀도 집적회로)가 사용되어 인공지능을 가진 컴퓨터가 나오게 되었습니다.

앞으로 사실 어디까지 갈지 모르겠습니다. 장바구니 대신 온라인으로 시장을 보는 일이 일본 주부들뿐이겠습니까? 우리나라 주부들도 아마 많은 분들이 온라인으로 시장을 보고 있을 것입니다. 분명한 것은 컴퓨터가 이제 우리 생활 속의 필수품으로 자리 잡았고, 그 용도가 상상을 넘어서는 세계로 확대되어 나갈 것이라는 겁니다. 분명 그 끝은 아무도 알 수 없습니다. 컴퓨터에 의해 하루하루가 다르게 변하는 세상! 기대해도 좋을 듯합니다.

오늘도 최고의 날이 되십시오.

전등
이야기

어렸을 때 시골(아버지 고향인 청원군 미원면 화창리로 숫골이라고 합니다)에 가게 되면 무척 싫었던 기억이 납니다. 우선 가는 길이 미원으로 버스를 타고 가서 거기서 20리 길을 걸어가야 되는데 꼬마 땐 그게 얼마나 멉니까? 그래도 막상 가게 되면 작은어머니가 주는 홍시나 떡이 맛있고, 큰댁의 마음 좋은 암소도 끌어보는 등 도시에서 맛볼 수 없는 재미가 있었습니다.

다만 한 가지, 막상 밤이 되면 전등이 없어 무척 답답했습니다. 하얀 사기그릇에 기름을 넣고 밝히는 등잔불이 유일한 것이었죠. 지금에 비하면 아주 유치하지만 청주에서는 그나마 붉은 전구가 방을 환히 비추어 주었지요. 그것이 형광등으로 바뀌고, 다시 삼파장 전구라는 오스람으로 그리고 이제는 'LED' 전구로 바뀌어 가고 있습니다. 이제 깜깜한 밤의 역사는 점차 사라지게 되었습니다. 오죽하면 시민단체의 제의로 한번 도시의 전등을 일시적으로 꺼보자는 제안도 나오게 되었을까요? 그래서 조명의 역사를 살펴보았습니다.

인류가 다른 동물들과 달리 문명세계를 이룬 것은 분명히 불을 알게 되고, 그것을 사용할 수 있어서입니다. 불의 사용은 난방과 취사로도 사용되었지만 조명으로 사용된 것이 우선이었을 겁니다. 밤의 어둠을 밝히는 빛, 그것은 정말 인간만이 사용할 수 있는 힘이었겠죠.

최초의 빛은 나뭇가지를 태워서 얻는 '모닥불'이었습니다. 그러다가 나무에서 얻어지는 기름을 사용하게 되는 '횃불', 소나무에서 얻어지는 '관솔불', 수유나무 열매를 이용하는 '호롱불' 같은 형태의 불들이 나왔을 겁니다.

식물성 기름을 이용한 흔적은 상당히 오래전부터라고 합니다. 1928년 프랑스에서 선사시대의 것으로 보이는 돌등잔이 발견되었고, BC 8,000~7,000년경으로 추정되는 메소포타미아의 등잔이 나오게 되고, 이집트와 페르시아에서도 BC 2,700년경으로 보이는 구리로 만든 등잔이 나왔다고 합니다.

이와 아울러 초의 역사도 깁니다. 처음에 꿀벌에서 나오는 분비물인 밀랍으로 만든 초가 나온게 BC 3세기라고 합니다. 서기 100년경 로마에서는 송진을 묻힌 양초를 사용하기도 하고, 쇠기름에 심지를 박은 등잔형식으로도 사용했다고 합니다. 16세기에서 18세기까지 석탄, 석유가 나오기 전까지 일반 대중들의 조명은 대부분 양초를 사

용했을 것으로 보고 있습니다. 중국에서는 오래전부터 지하의 가스
를 대나무관으로 뽑아 올려 가스등을 사용하기도 하고, 19세기에는
석탄가스를 영국에서 사용하게 되어 런던 시내를 가스등으로 밝히
기도 했답니다.

그러다가 에디슨에 의해 전구가 발명되면서 획기적인 전기에 의
한 조명의 세계가 열리게 되었습니다. 오랫동안 인류는 빛을 얻기
위하여 높은 온도에서 나무기름이나 동물의 기름 등 화석연료를 태
웠지만, 이제는 텅스텐처럼 전기저항이 큰 금속필라멘트에 많은 양
의 전류를 흘려보내 뜨겁게 만들어서 빛을 얻게 된 것입니다. 형광
등은 한 발짝 더 나아가 전자의 움직임을 이용하여 빛을 만드는데 우
리가 보는 기존의 TV나 컴퓨터 화면도 그런 것이라고 합니다.

이젠 양자역학적인 성질을 이용하여 전기에너지를 빛에너지로 바
꾸는 획기적인 LED가 사용됩니다. 종전의 조명장치는 높은 열을 이
용하여 빛을 만들게 되므로 전기의 소모가 높은 단점이 있었습니다.
LED는 반도체를 이용하여 개발되었기에 흘려준 전류를 거의 모두
빛을 내는 데 사용하게 되어 백열전구나 형광등처럼 빛을 내는 중에
도 전혀 뜨겁게 달아오르지 않는다는 겁니다. 따라서 전기소모도 비
교가 안 될 정도로 적다고 합니다. 요즘에는 한걸음 더 나아가 반도
체 대신에 탄소로 만들어진 OLED가 개발되어 사용된다고 합니다.
이것은 대단히 가벼워서 휴대폰의 컬러표시창이 대부분 이런 소자
라고 합니다.

2014년부터는 백열전구의 생산과 수입이 금지됩니다. 인류의 역사를 뒤바꾼 백열전구가 뒤안길로 사라지는 겁니다. 이제 저같이 농담도 못 알아듣고 버스 떠난 뒤 손 흔드는 사람을 부르던 '형광등'이라는 말도 조만간 사라질지 모릅니다. 거울처럼 얇아진 TV와 종이처럼 얇아서 말아가지고 다니는 컴퓨터 시대에는 저 같이 굼뜬 사람은 어떤 말로 놀림을 받을까요?

오늘도 최고의 날이 되십시오.

정보학 특강

　제가 1987년부터 1988년까지 수원에 있는 내무부 지방행정연수원에 근무한 적이 있습니다. 당시 운영계장 업무를 맡고 있었는데 주로 교육과정을 짜고, 강사를 섭외하여 직접 강사를 모셔오고 모셔다주는 어찌 보면 교육의 핵심적인 일이었습니다. 그래서 저의 책상에 필수 품목은 교육부에서 만든 전국 교수명단이었습니다. 각 분야별로 최고수준의 강사를 모시기 위해서는 교수님들의 전공과 이름을 알아야 했거든요. 그런데 그것만 가지고 공무원 교육과정에 맞는 강사님을 찾기란 사실 어렵습니다. 그래서 여러 언론사에서 나오는 인물연감이나 각종 간행물에 게재되는 글을 통하여 강사들을 찾아보지만 그렇게 맞는 사람을 찾기가 어려워 늘 고민을 했었습니다.

　그러던 어느 날, 옆의 사무실이 교육 자료를 조사하고 연구하는 조사과였는데 그곳의 과장님이 저를 찾으시고 책 한 권을 던져 주셨습니다. 책 제목을 보니 '정보학 특강'이라고 되어 있었습니다.

"한 계장, 그 책 읽고 그분 모셔다 강의를 청해보게나."

저는 생각도 하지 않고 기가 막혀 말을 했습니다.

"아니 과장님! 무슨 공무원 교육이 스파이 교육을 시키는 건가요. 정보학 특강이라니 말이나 됩니까?"

그랬더니 그 과장님은 예상했던 것처럼 껄껄 웃으시더니 설명을 자세히 해주시는 것이었습니다.

지금이야 정보혁명 소위 IT혁명이라면 모르는 사람이 없겠습니다만 20여 년 전인 1987년에는 정보라 하면 스파이영화에 나오는 얘기인 줄만 알던 시절이었습니다. 그 책을 지은 저자는 아직도 일선에서 다방면으로 활동하고 있는 '윤은기'라는 분이고, 그 책을 소개해주신 조사과장님은 나중에 경기도 부지사를 역임하시고 지금은 은퇴하신 '남기명'이라는 분입니다. 두 분 다 시대를 읽는 눈이 남다른 분으로 미래사회의 모습을 예측하고 그것을 교육으로 대비해야 한다고 애쓰신 분입니다.

물질적 자원이 국력이었던 산업사회에서 지식이 자원이 되는 정보화 사회로 넘어가는 과정에서 있었던 해프닝이라면 해프닝인 '정보학 특강'이라는 책을 오랫동안 잊지 못하는 것도 이런 이유 때문입니다. 이제는 정보가 과잉으로 넘쳐나 처리하는 문제로 골치를 앓고 있지만 아직도 정보는 '자원'으로서 이를 활용하는 일이 중요합니다.

현재 슈퍼컴퓨터에는 TB(테라바이트)급 컴퓨터가 사용되고 있고 앞으로 10년 안에 XC(엑스사인트)급 용량의 컴퓨터가 사용될 것으로 과학자들은 예측하고 있습니다.

1bit = 0 과 1 숫자 8개 조합

Byte(바이트) = 8bit

KB(킬로바이트) = 1,024Byte

MB(메가바이트) = 1024KB = 1,048,576Byte

GB(기가바이트) = 1024MB = 1,073,741,824Byte

TB(테라바이트) = 1024GB = 1,099,511,627,776Byte

PB(페타바이트) = 1024TB = 1,125,899,906,842,624Byte

EB(엑사바이트) = 1024PB = 1,152,921,504,606,846,976Byte

ZB(제타바이트) = 1024EB = 1,180,591,620,717,411,303,424Byte

YB(요타바이트) = 1024ZB = 1,208,925,819,614,629,174,706,176Byte

VB(브론토바이트) = 1024YB = 1,974,854,256,821,741,841,624,874Byte

RB(락시아바이트) = 1024VB = 23,325,832,583,285,328,532,958,329Byte

OB(에르키스틴바이트) = 1024RB = 875,456,156,484,613,628,515,618,641,561Byte

QB(큐타바이트) = 1024OB = 184,864,186,186,186,486,484,685,315,645,678,945,651Byte

XC(엑스싸인트) = 1024QB = 8142E+29 YB

제가 평상시 가지고 다니는 USB 메모리 2G에는 2Gbyte=2,147,483,648Byte, 신문지 1면에 200자 원고지 35장 정도이니 약 7,000자로 잡고, 한글 한 자에는 2Byte가 필요하니 계산해 보면 16년 동안 구독하는 신문(30page×313일×16.3년)의 양이군요. 16년 세월의 신문을 손가락 두 마디만 한 칩에 넣고 다닌다니….

이전에는 그저 별들은 무한정 많고, 모래알은 헤아릴 수 없는 것이었지만, 과학자들은 컴퓨터의 힘을 빌려 슬슬 이런 것들을 계산하는 작업들도 진행하고 있죠. 또한 생물학의 발전도 이러한 정보처리기술의 발전으로 인하여 비약적인 발전을 하고 있습니다. 앞으로 엑스사인트 용량의 컴퓨터 정도라면 '열 길 물속은 알아도 한 길 사람 속은 모른다' 할 만큼 그 헤아리기 어려운 사람 마음도 읽어 낼 수 있지 않을까요?(전 항상 제 아내의 마음이 궁금하거든요.)

오늘도 최고의 날이 되십시오.

철로 위의
못

초등학교 시절, 철로 위에 못을 놓고 침을 칠한 뒤 몸을 숨기고 있다가 기차가 지나가면 그 무거운 기차로 납작해진 못을 갖고 좋아했던 일이 있습니다. 지금 청주대교를 건너 없어진 수아사 뒤 현 청주시청 자리의 역으로 들어가던 기찻길을 기억하신다면, 그 기찻길이 조금은 높은 뚝방길 형태라 못장난 하기에는 아주 좋았던 장소임을 아실 겁니다.

장난거리가 없었던 그 시절, 저도 친구들이랑 못을 들고 기차를 기다리던 기억이 아련합니다. 기관사들에게는 골치 아픈 개구쟁이였지요. 납작해진 못이 무엇 때문에 좋은 것인지도 모르겠습니다만 요란한 소리를 내고 지나가는 기차를 보면서 기찻길 옆에 누워 친구들과 함께 납작해진 못을 기다리는 재미가 지금도 사실 그립습니다.

과학동아 2009년 6월호를 보니까 우리나라 철로의 구조와 안전장

치에 대해서 재미있는 기사가 나와 있더군요. 거기 보니 원래 선로
는 1800년대 영국에서 마찻길로 만든 것이 최초인데 나무목재로 선
로를 만들어 노새가 끄는 마차를 달리게 했다는 것입니다. 그때 노
새의 엉덩이 너비가 선로의 간격을 결정하게 했다고 합니다. 그것이
결국 열차선로의 제작기준이 되었다는데 나라마다 노새 크기가 다
른지 그 간격이 조금씩 다릅니다. 러시아는 커서 그런지 1.534m의
광궤이고, 일본은 작아서 그런지 1.067m의 협궤라고 합니다. 우리
나라는 1.435m로 되어 있는데 국제철도연맹이 영국궤간을 표준궤
간으로 지정한 것을 따랐기 때문이라고 합니다. 이것은 KTX, 새마
을, 무궁화, 지하철이 다 같다고 합니다.

선로는 열차의 하중과 속도를 견디게 하기 위한 강한 레일로 만들
게 되는데 그 강도에 따라 4등급으로 나누고 있습니다. 가장 빠른 1
등급은 KTX로 시속 200km 이상 달릴 수 있고, 2등급은 새마을호로
시속 150km, 3등급은 무궁화호와 같은 기차로 시속 100km, 4등급은
지하철로 시속 70km를 달릴 수 있도록 설치된 것이라고 합니다. 레
일의 강도는 레일 무게에 비례하는데 1m에 1, 2등급은 60kg이고 3,
4등급은 50kg이라고 합니다.

그리고 제일 중요한 것은 안전장치인데, 세계에서 최초로 열차가
달렸던 19세기 초 영국의 스톡턴에서 달링턴까지 운행할 때는 그 속
도가 시속 16km에 지나지 않아 말을 타고 기차 앞을 달리면서 문제
점을 찾았다고 합니다.

　현재의 시스템은 열차선로를 전기회로의 일부로 이용하여 체크를 한다고 합니다. 서울 지하철 1, 2호선은 선로바닥에 안테나를 사용하여 여러 대의 열차가 진입하게 되면 '자동열차정지장치'를 가동하도록 설치하였고, 3~8호선은 '자동열차 제어장치'를 설치하여 두 대 열차가 한 궤도에 들어오면 적절한 운행속도를 통보하는 시스템을 설치하고 있다고 합니다.

　KTX 같은 경우는 더 고급기술로 차축에 온도검지장치를 설치하여 양쪽 바퀴의 위치에 따른 온도를 측정하여 마모도 등을 판단하여 적절한 속도를 알리는 시스템을 갖추고 있다고 합니다.

　앞으로는 이와 같은 궤도회로로 열차속도를 제어하는 2, 3세대 방식에서 무선통신을 이용하는 4세대 방식의 안전장치가 개발되고 있다고 합니다. 그렇게 된다면 선로 위에 못을 놓고 옆에서 숨죽이며 기다리는 그 옛날의 장난은 더더욱 영원한 추억으로 존재하게 될 것입니다.

　오늘도 최고의 날이 되십시오.

쿠커비투릴 *cucurbituril*

지난 2009년 12월 13일, 일요일에 우리 연구원 선생님들과 일신 여고 3학년 학생 등 30여 명이 하이닉스를 다녀왔습니다. 첨단기업 의 실체를 직접 보니 정말로 대단하더군요. 세계 최첨단의 IT기업이 우리 청주에 있다는 자체에 긍지를 가질 만했습니다. 작년에 들어선 제3공장은 그중에서도 최첨단인 낸드플래시 생산공장이라고 하는 데 40나노급의 초미세공정이라고 합니다. 주로 디지털 카메라, MP3, USB 등에 사용되는 메모리이니만큼 가능한 작은 세계의 공정이라 나노기술의 첨단공정이었습니다. 그래서 공장 내부는 아주 작은 먼 지 하나라도 문제가 되어 직접 들어가지는 못했지만 유리창을 통하 여 설명을 들었습니다.

이제 확실히 세상은 분자단위, 원자단위의 공정이 보편화된 모양 입니다. 오늘 말씀드리고자 하는 발음하기도 어려운 '쿠커비투릴'이 란 것도 지극히 작은 분자단위에서 얻어지는 물질이라고 합니다. 이

것은 100년 전 독일의 한 과학자가 글리코루릴*glycoluril*과 포름알데
히드라는 물질을 황산에 녹여서 무색의 결정을 얻었는데, 당시 수
준으로는 이것이 안정된 화합물이라고만 알았지 그것의 실체나 구
조를 몰랐다가 1981년 미국의 목*Mock* 교수에 의해 분석이 되어 거대
고리화합물임을 알게 되었답니다. 이 화합물은 마치 속을 파낸 호박
같이 생겼다고 해서 호박의 학명인 Cucurbitaceae 앞 글자와 글리코
루릴의 뒤 글자를 따 '쿠커비투릴*cucurbituril*'이라고 이름지었다는 것
입니다.

이 쿠커비투릴을 이용하여 막대한 경제적 이익을 얻을 수 있도록
연구를 하여 성공을 함으로써 세계적으로 주목을 받은 과학자가 바
로 포항공대 화학과의 김기문 교수라고 합니다. 김 교수는 우연히
잡지에서 쿠커비투릴의 분자구조를 보게 되고, 이 분자를 이용한 초
분자화학을 해보겠다고 생각하고 연구를 시작하였다고 합니다.

초분자화학이란 분자를 이용하여 우리가 원하는 구조와 성질을
갖는 인공의 초분자를 제조하는 연구를 말합니다. 이 분야가 관심을
갖게 되는 것은 앞에서 말씀드린 하이닉스의 초미세공정과 같이 현
재의 첨단 산업은 나노미터(10억분의 1m)크기의 소자를 이용하는 것
입니다. 그러나 현재의 반도체 기술로는 소형화하는 데 한계가 있어
처음부터 물질의 최소단위인 분자로부터 출발하여 소자를 제조하는
기술이 필요하게 된 것입니다.

김 교수의 연구는 오랜 시행착오와 시련을 넘어 쿠커비투릴을 합

성하고 각각을 분리하는 데 성공함으로써 결국 이 쿠커비투릴을 이용한 연구의 새 장을 열게 된 것으로 평가받게 되었습니다. 김 교수가 개발한 쿠커비투릴은 속에 구멍이 뚫린 바구니 같아 그 안에 물건을 담을 수 있습니다. 예를 들면 방향제를 뿌리면 냄새가 금방 퍼져 사라지는데 그것을 천천히 방출되도록 할 수 있습니다. 반대로 악취는 그 안에 가두어 놓을 수 있습니다.

그것은 구멍의 구경을 마음대로 조절하여 어떤 것은 나가게 하고 어떤 것은 가둘 수 있도록 함으로써 분리, 촉매, 센서, 약물조절 등에 유용하게 활용될 수 있다는 것이지요. 얼마 전 유산균을 장에 도달시키기 위하여 요구르트에 캡슐을 씌운 요구르트를 만들었던 것을 생각하면 이해되실 겁니다.

서울대에서 화학과를 졸업하고, KAIST에서 석사, 미국의 스탠포드대에서 박사를 받은 김 교수는 다시 태어나도 자연과학을 할 것이라고 말하고 있습니다. 그러면서 요즘 학생들의 꿈이 작다고 걱정을 하고 있습니다. 당장 눈앞의 이익이나 즐기는 것에는 관심이 많지만 이상을 성취하기 위해서 오늘의 고통을 감내하는 자세가 부족하다고 합니다.

쿠커비투릴은 강한 산성액에서만 녹는다는 한계가 있기에 다른 물질과 결합시킬 수 없어 쿠커비투릴을 녹일 용매를 찾는 데 거의 5년을 보내야 했답니다. 얼마나 힘이 들었으면 쿠커비투릴을 '코껴비틀릴' 분자라고 부를 정도로 애를먹었다는 것입니다. 그러나 그는 그것을 극복하였습니다. 그리고 다음과 같이 말합니다.

"우리나라가 지금 무엇으로 먹고 사나요? 삼성이니 하이닉스니 현대자동차니 하는 기업에서 나오는 수익으로 먹고 사는데, 그렇다면 결국 투자할 곳은 과학기술입니다. 지금 의대나 한의대 쪽으로 인재가 몰리고 있지만 다시 판도가 바뀔 겁니다. 요즘 세상은 무엇을 해도 먹고살 수는 있을 겁니다. 그러니 자기가 정말로 즐겁게 할 수 있는 일, 신나는 일, 창의적인 일을 해야 합니다."

정말이지 하이닉스를 견학하고 나온 저로서는 더욱 김 교수의 말씀에 공감합니다.

오늘도 최고의 날이 되십시오.

꽃잎과 꽃가루

제가 태어난 곳이 청주시 남주동입니다. 당시 청주는 큰 도시는 아니지만 시골도 아니기에 저는 꽃 이름과 풀 이름을 잘 모릅니다. 그래도 당시에는 아파트보다는 대부분 개인주택에 살았기 때문에 마당에 작은 화단이 있어 나팔꽃, 분꽃, 채송화 등의 꽃들을 보았고 무심천변이나 비포장도로의 길가에서 질경이, 강아지풀, 토끼풀 등을 볼 수 있었습니다. 하지만 아파트로 거주 문화가 바뀌게 된 뒤로는 이나마도 볼 수가 없고, 볼 수 있는 것은 삭막한 콘크리트뿐 아닌가 생각되어 걱정됩니다. 다행히 조경과 도시공원 조성 및 가로변 정비를 통하여 꽃과 나무들을 가꾸어 가고 있지만, 그래도 저희 어린 시절의 화단에 비해서는 인공적인 냄새가 나서 그렇게 정겹지는 않습니다.

꽃을 자세히 보면 그 형태가 각양각색입니다. 종모양, 대롱모양, 접시모양 등등 왜 그렇게 다양한 모양으로 이루어져 있는지에 대해 중국의 과학자들이 BBC방송에 나와 '꽃가루를 보호하기 위해서'란 발표를 했다고 합니다. 중국 우한대 윤 윤 마오 박사와 슈앙 콴 후앙 박사 연구팀이 대학 주변과 우한식물원에서 자라고 있는 80종의 꽃을 수집하여 겉모양과 내부구조를 분석하고, 비가 올 때 어떻게 반응하는가를 관찰했습니다. 그 결과 강우량과 꽃의 형태 사이에 밀접한 관계가 있다는 사실을 알아냈습니다.

예를 들어 튤립은 비가 많이 오면 꽃의 방향을 바꾸거나 꽃잎을 닫아 버린답니다. 80종의 꽃 가운데 20종이 이와 비슷한 작용을 한다고 합니다. 열대 분위기를 연출하는 천남성과(天南星科: *Araceae*)의 꽃들은 빗물이 들어오면 밖으로 흘려보낼 수 있는 물받이를 갖고 있는 것으로 나타났다고 합니다. 또 80종 중 절반 이상은 꽃가루가 빗물에 노출되었는데, 그중 13종은 물에 잘 젖지 않는 '방수' 꽃가루를 갖고 있었다고 합니다. 비로부터 꽃가루를 보호하기 위해 꽃이 스스로 형태나 구조를 다양하게 변화시킨다고 볼 수 있는 것입니다.

생명체의 종족번식을 위한 노력은 우리가 상상할 수 없을 정도로 다양하고, 어떤 면에서는 절대적인 숙명인 것 같습니다. 가끔 '동물의 세계'란 다큐멘터리 프로그램을 보면, 새끼를 낳고 그것을 기르는 동물들의 헌신적인 모습이 놀랍기만 합니다. 말 못하는 동물이지만 새끼에 대하여 자기를 희생하는 모습은 숙연하기까지 합니다. 그런데 식물의 세계에서도 종족번식을 위한 노력은 동물에 못지않게 대단한 것임을 이번에 중국학자들의 연구가 보여준 것이지요.

　움직이지도 못하고 앉은 자리에서 자라나 예쁜 꽃을 피워 나비나 벌을 유인하여 수술이 만들어놓은 꽃가루를 암술로 가져가게 해서 종족을 번식하는 식물의 세계에서 이처럼 놀라운 자기보호방책을 진화시켜왔다는 것이 놀랍지 않습니까? 확실히 자연의 세계는 우리가 생각한 것보다 환경에 적응하여 종족을 번식시켜오는 생명의 신비함이 존재하고 있습니다. 어릴 때 마당 한쪽에 있었던 화단에서도 이러한 신비로운 종족보존의 처절한 노력이 있었다고 생각하니 이 세상 모두가 신비로운 세계로 생각되는군요.

　오늘도 최고의 날이 되십시오.

원주율 π의 수수께끼

옛날 초등학교 시절, 그 간단한 산수 시간에도 똑 떨어지지 않는 수가 나오면 공연히 마음이 편치 않았습니다. 8÷4=2와 같이 떨어지면 편하고, 7÷3=2.3333…처럼 똑 떨어지지 않고 계속되면 불편했지요. 또 중학교 들어와서 수의 종류가 여러 가지로 더 복잡해지는 것을 배웠는데, 그나마 분수로 나타내는 수는 나은 것이더군요. 정수이면서 분수로 나타낼 수 있는 수는 유리수이고, 나타낼 수 없는 수는 무리수라고 했습니다. 그러니까 무리수는 원주율을 나타내는 π와 같이 3.141592653…으로 무한히 계속되는데 수의 열은 순환하지도 않고, 분수로도 나타낼 수가 없다고 합니다.

2009년 뉴턴*Newton* 12월호에 특집으로 '원, 구, 그리고 π'가 실렸습니다. 읽어보니 무척 흥미로운 내용이 많은데 오늘은 무리수인 원주율 π에 대해서 재미있는 몇 가지를 소개해 보겠습니다.

　우리 주변에는 다양한 원이나 구가 있는데, 이것은 2차원, 3차원의 세계에서 가장 대칭성이 높은 아름다운 도형이라고 합니다. 또 '무한'의 개념과도 관련이 깊어 옛날부터 수학자들은 원을 '정∞(무한대) 각형'으로 생각하여 원주율 π의 값을 구했다고 합니다. π는 '둘레周'를 의미하는 그리스 어의 머리글자에서 유래했다고 하는군요. 원주율이란 결국 원주의 길이가 지름의 몇 배인가를 나타내는 수라고 하겠습니다.

　그러니까 '원주=π × 지름'입니다.

　아주 오래전부터 원주율이 3 정도라는 사실을 알고 있었던 것으로 보고 있습니다. 기원전 2000년경의 바빌로니아 인은 실제 값에 가까운 3⅛을 썼다고 하는군요. 그 후 19세기까지 π의 값을 527자리까지 알게 되었는데 20세기 중엽에 이르러 컴퓨터를 사용한 계산을 통해 π의 값 자릿수는 비약적으로 늘어났습니다. 1950년대에는 1만 자리를 돌파하고, 1970년대에는 100만 자리까지 늘었다가 1980년대 말에는 10억 자리까지 이르렀습니다. 2002년 11월 일본의 도쿄대 정보기반센터의 가나다 야스마사 교수팀은 슈퍼컴퓨터를 사용하여 1조 2411억 자리의 기록을 세웠습니다. 이 기록은 2009년 4월 쓰쿠바대 시스템 정보공학연구과의 다카하시 다이스케 교수팀이 2조 5769억 8073만 자리의 기록을 수립함으로써 깨져 버렸습니다. 사실 실용적으로 π의 값은 40자리면 충분하다지만 슈퍼컴퓨터의 성능을 시험하기에는 좋은 방법이라고 합니다.

다이스케 교수팀이 계산한 2조 5000억 자리까지의 수 중에 재미있는 부분을 보면, 0에서부터 9까지 출현하는 횟수가 2500억 회 정도로 비슷하다고 합니다. 이것은 π의 값이 무작위의 것으로 어떤 규칙성을 찾을 수가 없다는 것을 보여주는 것입니다. 따라서 원리적으로는 어떤 수열이라도 π의 값에 나타난다고 합니다. 실제로 '000000000000(소수점 이하 1조 7555억 2412만 9973자리부터 12자리)'이나 '012345678901(소수점 이하 1조 7815억 1406만 7534자리부터 12자리)'이라는 수열도 발견된다고 하는데, 여러분의 핸드폰 번호나 주민등록번호도 있다고 합니다.

'111111111111', '777777777777', '888888888888' 등도 있고, '314159265358(이 수열은 원주율 π의 첫 12자리)'도 있다고 합니다. 수학자들은 계산결과를 놓고 확실히 π의 값은 난수(亂數: 소수점 이하의 숫자가 같은 확률로 제멋대로 나타내는 수)로 보고 있습니다. 그러나 수학적으로는 π가 난수 성질이라고 증명되지는 않았다고 합니다. 현재로서는 슈퍼컴퓨터로 계산을 해서 유한한 자리 가운데서 π가 난수로 간주하는가를 확인할 수밖에 없답니다. 그러니까 π는 아직도 풀지 못하는 수수께끼로 남아 있다고 하겠습니다.

어디 π만 수수께끼로 남았겠습니까? 어찌 보면, 우리 인생도 알 수 없는 수수께끼와 같지요.

오늘도 최고의 날이 되십시오.

빙판
공습경보

새해 벽두에 내린 눈이 매서운 추위와 함께 아직도 녹질 않고 곳곳에 쌓여 있습니다. 특히 자동차가 다니지 않는 골목길이나 그늘진 곳은 빙판이 되어 미끄러지기 일쑤입니다. 저도 조심조심 걷다가도 엉덩방아를 두어 번 찧었습니다. 이런 겨울날 특히 눈길을 조심해야 하겠습니다.

이렇게 빙판이 될 때는 2002년도 충북도에서 바이오엑스포를 개최할 당시 조직위원장으로 모셨던 정원식 전 총리께서 하신 말씀이 생각납니다. 노인들이 조심해야 할 일은 두 가지인데, 하나는 감기이고 다른 하나는 낙상落傷이라고 하셨습니다. 감기는 면역력이 떨어진 노인들이 폐렴으로 되어 위험하고, 낙상이 되면 뼈를 다쳐 움직이지 못하여 위험하다는 것이지요. 그 말씀을 증명이라도 하듯 1년 전 돌아가신 저의 어머니도 낙상으로 뼈를 다쳐 수술을 받으셨음에도 움직이질 못하시고 오랫동안 누워계시다 세상을 뜨셨습니다.

왜 눈이 오면 미끄러울까요? 다 아시겠지만, 마찰력이 없어져 그렇다고 합니다. 마찰력이란 어떤 물체가 표면에 접촉해 있을 때 표면이 물체에 작용하는 힘입니다. 그런 마찰력은 표면의 거친 정도에 따라 다르지만, 면적에는 무관하다고 합니다. 눈이 와서 얼어붙게 되면 수막이 형성되어 얼음과 같이 거의 0에 가까운 마찰력이 되기 때문에 미끄러지게 된다는 것입니다.

또 눈길에서 커다란 자동차가 헛바퀴를 도는 것은 바퀴와 지면 사이의 마찰력이 작은 상태에서 큰 힘을 주게 되어 바퀴가 헛돌게 된다고 합니다. 그러니까 마찰력의 범위 안에서 힘을 주어야 차가 전진하게 되는 것이지요. 자동차의 타이어에 체인을 감거나 스노우타이어로 바꾸는 것도 마찰력을 높이는 한 방법입니다. 요즈음은 체인보다는 스노우타이어로 바꾸는 것이 일반적인데, 이 스노우타이어는 '트레드'라는 7~8mm 깊이의 홈을 타이어에 파서 마찰력을 크게 하여 제동력을 높이고 전후좌우로 미끄러지는 힘을 막아주는 역할을 한다고 합니다.

얼마 전, 기자가 쓴 글을 보니까 걸을 때에도 바닥에 홈이 파인 신발을 신으면 마찰력을 높여 어느 정도 미끄러지는 것을 방지할 수 있다고 합니다. 마찬가지로 노면도 금속으로 된 맨홀 뚜껑은 표면이 매끄러워 더 위험하고, 아스팔트나 돌로 된 보도블록은 표면에 미세한 구멍이 있어 그 구멍으로 스며든 물 분자가 눈과 결합하여 덜 미끄럽다고 하네요. 또 최고로 좋은 방법은 짚으로 엮은 새끼줄을 신

발에 감고 걷는 것이라고 하는데 사람들의 눈총만 견딜 수 있다면 해
보라는 말까지 하더군요.

　제 생각으로는 이런 날엔 가급적 연로하신 부모님들의 외출을 자
제하시도록 하는 것이 최선이라고 봅니다. 또 혹시라도 넘어지셔서
뼈를 다치시는 일이 없도록 주위에 있는 분들은 각별히 신경 써 드리
고 보살펴 드려야 하겠습니다.

　오늘도 최고의 날이 되십시오.

결혼 전에 아내와 데이트를 할 때, 겨울 밤하늘의 오리온자리를 얘기한 기억이 납니다. 그때 오리온자리 가운데 조그만 별 셋, '삼태성'의 의미가 나와 아내 그리고 우리가 가질 아이라고 했었지요. 지금 생각하면 어떻게 그런 낯간지러운 말을 했었나 하고 겸연쩍어집니다. 또 지금은 그 당시 하나만 생각했던 아이가 셋으로 늘었지요.

가장 찾기 쉬운 별자리 중의 하나인 오리온자리는 거의 다 아실 겁니다. 어렸을 때는 변변한 오락이 없었던 터라 별자리를 찾으며 놀기도 했었지요. 물론 그때는 밤하늘의 별을 청주시내에서 아주 휘황찬란하게 볼 수 있었는데 요즘은 문명의 발달 덕분(?)인지 환경오염의 탓인지 별자리를 잘 볼 수 없어 옛날의 낭만을 잃어버린 것 같아 아쉽기도 합니다.

2009년 7월호 과학동아에 실린 기사에서 바로 이 오리온자리에서 가장 밝은 별인 '베텔게우스*Betelgeuse*'가 점점 작아지고 있다는 연구가 발표되었다는 글을 읽었습니다. 미국의 버클리대학의 '찰스 타운스'라는 교수가 발표한 이 내용은, 지난 15년 동안 베텔게우스의 크기가 15%나 줄어들었다는 것입니다. 베텔게우스는 오리온자리의 왼쪽 위 꼭짓점에 있는 붉은 색의 거대한 별로 반지름이 태양의 약 800배, 질량이 태양의 약 20배나 됩니다. 지구의 관측을 통해 직접 지름을 측정할 수 있는 몇 안 되는 별의 하나라고 합니다.

노벨상 수상자이기도 한 찰스 교수는 1993년부터 베텔게우스의 크기를 측정한 자료를 공개했는데, 처음 측정당시 반지름이 5.5AU(1AU는 지구에서 태양까지의 거리로 약 1억 5000만km)였는데 이것이 최근 15%나 줄었다는 것입니다. 이 별은 생애의 마지막에 가까운 초거성인데, 초거성은 원래 크기의 100배까지 부풀었다가 붕괴해 블랙홀이 되는 것으로 학자들은 보고 있습니다. 그런데 재미있게도 이 별의 밝기는 크게 줄어들지 않았다고 하네요.

오리온자리는 그리스 신화에서 달의 신이자 사냥의 신인 아르테미스와 사냥꾼 오리온과의 사랑이야기에서 이름을 따오게 되었답니다. 둘의 사랑을 시기한 태양의 신 아폴로에게 속은 아르테미스가 화살로 오리온을 죽이게 되고, 슬픔에 빠진 아르테미스를 위로하고자 아버지인 제우스가 별자리를 만들었다는 것이지요.

별자리는 바빌로니아에서 시작된 것으로 추측하는데, 2세기 후반 그리스의 천문학자 프톨레마이오스가 정리한 48개를 기원으로 하고 있습니다. 17세기에 조금 변경이 되었다가 1930년 국제천문연맹이 88개의 별자리를 정했습니다. 오리온자리는 프톨레마이오스가 정한 48개에 들어가 있습니다.

서양에서는 태어난 달과 별자리를 엮어 점을 치는데 이젠 우리나라 사람들도 이 별자리 운세를 재미로 많이 보고 있다 합니다. 서양 문물이 일상이 된 요즘 우리나라 젊은이들도 별자리 운세를 보는 데 익숙하지요. 그런데 12개 별자리 중에 오리온자리는 없습니다. 제 별자리는 처녀자리입니다. 그래서 성격이 외곬이라는 놀림을 받고 있는데 어떻게 보면 약간은 그런 것 같아 부인은 못하고 있습니다.

그 옛날 아내와 추운 겨울밤에 오리온자리를 보면서 소곤거렸던 사랑의 시간이, 추위도 잊게 만들었던 기억이 떠올라 말씀드렸습니다. 요즘같이 추운 겨울이라도 사랑하는 사람과 낭만적인 별자리 여행을 한번 해보시지요. 분명 마음은 따뜻해질 겁니다.

오늘도 최고의 날이 되십시오.

하루살이

들판을 걷다 보면 가끔씩 하루살이들이 떼를 지어 윙윙거리며 길을 가로막는 경험을 하셨을 겁니다. 이름 자체가 하루살이라니? 하루만 사는 놈들이라니? 그런 놈들이 무엇 때문에 길을 막고 무리 지어 있는 걸까? 이렇게 생각하며 대수롭지 않은, 하찮은 곤충으로 무심히 지나쳤을 겁니다.

제가 2002년 충청북도 바이오엑스포를 준비하면서 생명에 대한 공부를 하다가 우연히 일본학자가 쓴 곤충에 관한 책에 하루살이 일생을 소개한 글을 읽고 깜짝 놀란 적이 있었습니다. 무엇보다도 놀라운 것은 하루살이가 하루만 산다는 것이 사실이라는 거였죠. 정확히 말하면 2시간에서 4시간 정도 산다고 합니다. 그런 하루살이가 지구상에 나타난 것은 5억 년 전이라고 합니다. 인류의 출현이 2백만 년 전이라고 하다가 요즘은 아프리카에서 인류조상의 화석이 나타나 4백만 내지 5백만 년 전으로 보는 학설이 유력하다고 합니다.

그러나 아무리 5백만 년 전이라 하더라도 하루살이가 5억 년 전이라면 어떻게 되는 겁니까?

인간이 오래 살아 보았자 100년인데 그렇게 살아본들 5백만 세대 아니 그 이상의 세대를 지나야 지탱하는데 하루만 생명이 주어지는 하루살이가 5억 년 동안 종족을 이어왔다고 하면 도대체 몇 세대를 거쳐 왔다는 것인가요. 바로 거기에 생명의 비밀이 있습니다.

전공 학자들의 견해에는 비할 수 없겠지만 저는 나름대로 생명을 가진 생명체는 두 가지 본능이 있다고 봅니다. 하나는 자기유지요, 다른 하나는 종족보존이라고 말합니다. 생명이 없는 무 생명체는 자기유지를 위하여 어떤 에너지도 취할 필요가 없습니다. 그러나 생명체에게는 에너지가 필요합니다. 다시 말해 밥을 먹어야 합니다. 살아야 하는 거죠. 생명체는 종족보존에 자기를 희생합니다. 무 생명체는 자기자신 이외 번식이란 있을 수 없는 거죠.

가끔 동물의 왕국이란 다큐멘터리 프로를 보면 새끼를 키우기 위해 자신의 삶을 희생하는 생명체를 볼 수 있습니다. 펭귄의 경우 암컷이 새끼를 낳으면 수컷이 혹한에서 보호를 하는데 이게 보통 시간이 걸리는 게 아닙니다. 암컷이 수천 리 떨어진 바다로 가서 먹이를 잡아 위장에 보관해와 새끼 앞에 토해놓을 때까지 기다리는데 참으로 놀라운 자식사랑이더군요. 소설로도 나온 가시고기는 더하지요. 알을 낳고 암컷이 가버리면 수컷은 알이 잘 부화하도록 지느러미로

24시간 쉬지 않고 부채질하고 부화된 새끼가 나오면 자기 몸을 먹이로 주어버린다는 대목에서는 감동적이기까지 합니다.

하루살이의 비밀도 여기에 있습니다. 일본학자의 관찰에 의하면 하루살이는 알에서 애벌레, 번데기의 유충 기간이 한 1년 정도 되고 성충이 되면 얼마 살지 못한다고 합니다. 그래서 하루살이는 성충이 되면 자기유지 기능은 없애버린다고 합니다. 성충 하루살이는 내장이 완전히 퇴화되고 그 안에는 종족보존을 위해 정액만 가득 차 있고 그대로 무리가 집단으로 교미를 한다는 겁니다. 그래서 들판에서 무리 지어 있는 것은 종족보존을 위해 집단교미를 하는 것입니다. 이게 바로 하루 4시간도 살지 못하는 하루살이가 5억 년이라는 긴 세월을 멸종하지 않고 지금까지 존재하고 있는 비결이라는 겁니다.

생명체의 자기유지와 종족보존, 어찌 보면 식욕과 성욕이라는 2대 본능으로 설명할 수 있겠습니다만 그 위에 자기를 희생한다는 숭고한 사명이 생명체에 강하게 주어지는 것은 분명합니다. 그래서 부작용도 자주 나타나지만 그것은 조물주가 생명을 창조하면서 내려준 어쩔 수 없는 숙명 아닌가 생각합니다. 하루 4시간 사는 하루살이의 일생에서 자식 사랑의 의미를 새기면서 생명의 숭고함을 새삼 새겨 봅니다.

오늘도 최고의 날이 되십시오.

일상 속의 과학

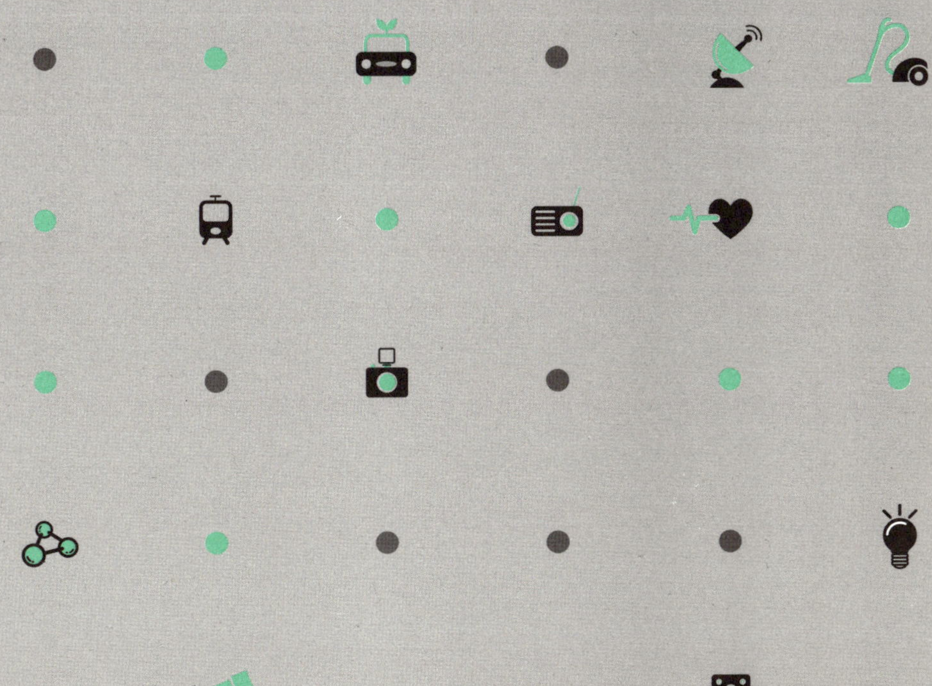

모든 진리는 일단 발견하기만 하면 이해하기 쉽다.
중요한 것은 진리의 발견이다.

— 갈릴레이 갈릴레오

이토록 현대의 삶이 편리해진 까닭은 당연히 과학의 발달에 근거합니다. 중요한 사실은 유용하게, 일상적으로 쓰이는 그 어떤 도구 하나라도 과학자들의 열의와 탐구정신이 집적되어 있다는 점입니다. 과학이 가져다준 문명의 혜택을 그저 즐기기만 할 것이 아니라 그 안에 어떠한 원리가 담겨있는지, 어떠한 과정을 통해 탄생했는지 또한 알아둔다면 인생은 좀 더 희열로 가득하지 않을까요.

고등어

우리 집 식구들은 제가 제일 좋아하는 음식이 무엇인지 확실히 알고 있습니다. 그거야 아빠 식성이니까 당연하다 할지 몰라도 제가 유달리 고등어를 좋아하기 때문에 그렇습니다. 애들은 왜 그런지 잘 모르겠지만 도통 좋아하지를 않더군요.

신혼 초 밥상에서 체통 없이 반찬 투정할 순 없지 않습니까. 그런데 우리 장모님께서 원체 비린내를 싫어하셔서 처가에서는 고등어를 먹는 일이 전혀 없었다는 겁니다. 대신에 장모님께서는 북어찜을 밥상에 올리셨고, 사실 그 맛도 기가 막히게 좋았습니다. 그런데도 저는 고등어가 생각났는데, 고등어는 먹어본 적도 없다는 아내에게 해달라고 하기도 뭐해서 몰래 통조림을 사다가 저 혼자 도둑고양이처럼 먹기도 했습니다. 그러다가 들키는 바람에 면구스럽기도 했지요.

결혼 30년이 되는 지금은요, 서로가 잘 먹고 있습니다. 쪄주기도 하고, 조려주기도 하고, 구워주기도 하는데 여하튼 밖에 약속이 있어도 아내가 전화로 물 좋은 고등어를 사왔다고 하면 하얀 쌀밥에 기름이 흐르는 고등어 생각에 약속을 깨는 일도 있습니다.

지난 2007년 해양수산부와 회의를 하면서 자료를 보니 (저에게는 좋은 일인지 모르지만) 우리나라 수산물 어획고에 큰 변화가 일어났더군요. 전년에 비하여 고등어가 무려 385%나 늘어난 18만 7,249t이 잡혔고, 덩달아 오징어도 292%나 더 잡혔다는 것입니다. 이게 무엇을 말하는지 아실 겁니다.

고등어와 오징어는 대표적인 난류성 어족입니다. 우리나라 가까운 바다에서 사는 것으로 봄과 여름에는 북쪽으로 올라갔다가 가을과 겨울에는 다시 남쪽으로 내려오는 것인데 바다가 따뜻해져 사시사철 엄청나게 잡히는 것이죠. 하도 많이 잡다 보니 어족보호를 위해 지난 봄 일시 고등어 잡이를 중단하기도 했었습니다.

반대로 대표적인 한류성 어족인 명태를 생각하면 참 큰일입니다. 명태는 고등어, 오징어와 함께 우리나라 사람들이 좋아하는 3대 해산물이라고 할 수 있습니다. 이름도 북어, 생태, 동태 등 대단히 많고 요리법도 다양하며, 특히 술안주와 해장에도 아주 좋지 않습니까? 기록을 보니까 1980년대 초에는 명태가 무려 연간 13만t이나 잡혔습니다. 그러던 것이 바다가 따뜻해져가니 점점 줄어들어 2000년대에 들어서는 100t 이하로 잡히고, 지난 2005년 20t, 2006년 6t 잡히다가 지난해에는 1t도 안 잡혀 이젠 동해에서 잡히는 명태를 천연기념물로 지정해야 할 지경에까지 이른 것 아닌지 모르겠습니다.

지구온난화(地球溫暖化, *global warming*) 현상은 이와 같이 밥상에서 우리가 볼 수 있을 정도로 심각해졌습니다. 이대로 온난화가 지속되어 우리나라 연평균기온이 2℃만 올라가게 되면 우리나라 대표수종인 소나무가 멸종될 것이라는 충격적인 말씀을 충북대 김학용 교수께서 해주신 기억이 납니다.

뜨거워지는 지구, 우리들이 자초하여 탄산가스를 많이 배출하여 결국 생태계의 이상을 가져왔다는 것입니다. 이 부분도 우리들이 시급히 해결해야 할 과제입니다. 우선 에너지를 아끼고, 친환경에너지를 찾아 개발해내야 하는 일, 이것이 필요합니다. 그것은 바로 과학의 힘입니다. 고등어 한 조각 먹으면서 지구의 내일을 과학의 힘으로 풀어야겠다는 작은 소망을 빌어보았습니다.

오늘도 최고의 날이 되십시오.

석면(石綿-돌솜)의
신세

휴일, 집에 있을 때 즐거움 중의 하나는 아이들과 고기를 구워 먹는 일입니다. 자녀를 낳아 길러 보니 아이들이 맛있게 먹는 것을 보는 것만큼 기쁜 일은 없습니다. 그중 고기는 가격이나 맛에서 따져 보면 삼겹살이 최고입니다. 그런 까닭에 옛날에는 아니 요즈음도 회식만 했다 하면 삼겹살파티입니다.

삼겹살을 굽다 보면 기름이 매우 많이 나와 애를 먹입니다. 그래서 빵을 잘라 놓기도 하고, 양파를 놓기도 하지만 넘치는 기름에 결국 휴지로 닦아내야 합니다. 그래서 당시 인기가 있었던 것이 연탄불이 꺼졌을 때 지피던 번개탄에 지붕에 올렸던 슬레이트를 올려놓고 삼겹살을 구워 먹는 것이었습니다. 기름이 홈을 타고 저절로 흘러내리고 고기도 알맞게 잘 익고요. 아주 안성맞춤인 삼겹살구이 도구였습니다.

이 슬레이트는 바로 시멘트에 석면을 넣어 만든 것입니다. 석면은 산화규소에 마그네슘, 칼슘, 철, 나트륨 등이 결합된 천연광물이라고 합니다. 이 석면은 열에 강하고, 전기전도율이 낮아 1940년대부터 산업용도로 아주 다양하게 사용되어 왔고, 우리나라도 1960년대부터 많이 사용하기 시작했다고 합니다. 건축용 단열재나 방음재, 자동차 브레이크, 소방관 옷 등에 사용되었고, 담배필터에도 사용했다고 합니다.

석면은 지름이 1마이크로미터 이하의 아주 가는 실 모양(머리카락의 5,000분의 1정도)으로 쉽게 부러진다고 합니다. 그런데 이 석면조각이 먼지처럼 공기 중에 떠다니다가 사람의 폐 속으로 들어가면 폐암, 후두암을 비롯한 심각한 질병을 일으킬 수 있다는 것입니다. 결국 미국 등 여러 나라들이 석면 사용을 금지하기 시작했고, WHO에서도 1급 발암물질로 지정하게 되었습니다. 우리나라에서도 2009년 1월 1일부터 '산업안전보건법'에 의하여 석면이 0.1% 이상 함유된 건축자재의 사용을 금지시켰습니다.

그럼에도 불구하고 석면과 같은 물질을 완전히 사용하지 않기는 어려워 과학자들은 이를 대체할 합성물질을 개발하였고, 어느 정도 실용화되고 있다고 합니다. 이렇게 본다면 천연물질은 무조건 다 좋고, 합성물질은 나쁘다는 것은 다시 생각해야 할 것입니다.

오늘도 최고의 날이 되십시오.

땀과
고어텍스

저는 여름이 싫습니다. 살이 없는 사람이나 추위가 싫은 분들께는 죄송하지만 더운 여름을 지내는 것이 힘들어 그렇습니다. 태어날 때부터 통통했던 저는 지금까지 날씬하다는 소리를 들어본 적이 없고 그런 까닭에 유난히 땀을 많이 흘립니다. 집에서 작은 일이라도 하게 되면 줄줄 흐르는 땀 덕분에 아내가 '스톱'을 시킵니다. 여름이 되면 그 정도가 대단해서 아침에 출근할 때 셔츠가 즉시 땀으로 흠뻑 젖어 처음 본 사람들은 무슨 큰일이 있어 뛰어왔나 생각할 정도가 됩니다.

그런 제가 몇 년 전에 우암산을 올라가다가 중도에 포기하고 내려와 버린 일이 있었습니다. 그날이 마침 구름 한 점 없는 땡볕에 바람도 없는 아주 더운 날이라 얼마 못 올라가서 속옷은 물론 바지까지 홀랑 젖어 도저히 걸을 수가 없게 되었기 때문이었습니다. 조금 창피한 이야기가 되었지만 준비 없이 가벼운 산책으로 생각했다가 당한 낭패였습니다.

　이 이야기를 그 후 어떤 후배에게 했더니 마구 웃고는 "요새 세상이 얼마나 좋아졌는지도 모르느냐."라면서 바지, 티셔츠, 런닝셔츠, 팬티까지 제게 보내 주었습니다. 그 옷을 입고 한번 운동을 나갔더니 정말 신기하더군요. 땀이 나오는 즉시 땀을 빨아들이지만 청량감은 여전한 게 무척 신기했습니다. 정말 그때서야 기능성 첨단소재 의류를 알기 시작했으니 미래과학을 이야기하는 사람치고는 아주 둔한 사람이 되었습니다.

　그 의류가 바로 '고어텍스'입니다. 미국 뒤퐁사의 고어 *W. Gore* 라는 사람이 발명했다고 해서 이름을 그렇게 붙인 모양입니다. 알고 보면 그 원리는 간단하지만 오늘날의 첨단나노 *Nano* 기술이 있어서 개발이 가능해진 것입니다. 고어텍스는 무수히 작은 구멍이 뚫려있는 얇은 막으로 가공한 천입니다. 그러니까 몸에서 나는 땀은 수증기로 되어 있어 입자 크기가 빗방울을 비롯한 자연 상태의 물입자보다 매우 작아, 땀은 천 밖으로 내보내고, 물방울은 안으로 들어오지 못하게 하는 것입니다.

　고어텍스의 작은 구멍의 지름은 0.2미크론이라고 하는데 1미크론이 천분의 1mm이니까 한번 상상해 보십시오. 물방울 입자보다는 20,000배나 작고, 수증기분자보다는 700배나 크다고 합니다. 이 고어텍스는 이러한 기능성 의류 외에 인공혈관, 인공인대, 성형수술,

치실을 비롯한 첨단의료소재로도 활용될 뿐만 아니라 바이올린과 기타줄 그리고 휴대폰 사용할 때 발생되는 열을 차단하는 데에도 쓰인다고 합니다.

첨단과학의 활용이 우리 생활 속에 아주 넓게 사용되고 있는 것입니다. 덕분에 저같이 땀 많은 사람들도 여름을 나기 편하게 해주고 있습니다.

오늘도 최고의 날이 되십시오.

캠핑

휴가철입니다. 2009년 8월호 과학동아를 읽어보니 최첨단 캠핑장비가 소개되고 있었습니다. 그것을 읽으면서 1982년인가 1983년인가 아내와 둘이서 떠난 휴가 생각이 나서 잠시 쓴웃음을 지었습니다.

애도 없을 때라 둘이 젊음의 낭만을 만끽하자고 텐트여행을 떠나기로 결정하고 행선지로 고향 충북을 한번 일주하자고 했습니다. 그래서 아는 친구들에게 텐트를 빌리고 밥해 먹을 코펠, 버너와 약간의 먹을거리 등을 준비하여 배낭을 꾸리고 떠났지요. 계획으로는 5박6일로 단양 도락산과 사인암, 수안보 송계계곡, 청천 화양동 그리고 보은 속리산을 다녀오는 것으로 했습니다. 솔직히 학교 때 친구들 따라 텐트에서 한두 번 자기는 해보았어도 혼자서 해보기는 처음이라 겁도 났었습니다.

그럭저럭 아는 이들 도움을 받아 텐트를 치고 자면서 속리산까지

왔는데 여기서 문제가 발생했습니다. 지금도 이 이야기를 하면 아내에게 체면이 말이 아닙니다. 그때 제가 빌린 텐트가 2인용이 아니고 4, 5인용의 큰 텐트인 데다가 폴대는 스틸이라 여간 무거운 게 아니었습니다. 물론 자가용 없이 버스를 타고 다니는 시절이었고 조금 무겁다고 느꼈지만 사나이 체면에 꿋꿋하게 참았습니다. 그런데 속리산을 오르면서 망가져 버린 것입니다.

속리산 뒤쪽 화북에서 올라가기 시작했는데 도중에 비를 만났습니다. 처음에 부슬부슬 내려 괜찮을 줄 알았더니 줄기차게 내리는 통에 흠뻑 젖어 둘러맨 배낭의 무게가 배로 느껴졌습니다. 두 시간 정도 예상했는데 가다 쉬다를 반복하니 다섯 시간이 지나서야 문장대 정상에 갈 수 있었지요. 그때는 거기에 휴게소가 있었습니다. 도저히 그날엔 내려올 수가 없어서 하룻밤 신세를 지고 다음날 내려왔습니다. 옆에서 힘겨워하는 아내로부터 온갖 눈총을 받은 것은 말할 것도 없습니다.

이번에 소개된 텐트를 보니까 참으로 첨단소재의 놀라움에 그 옛날의 미련함이 자연스레 떠올랐습니다. 우선 모든 소재가 폴리에스테르*polyester*라는 합성고분자물질로 이루어져 있습니다. 우선 천이 15D라고 하는데 이 D라고 하는 말이 재미있습니다. 데니어*Denier*라고 하는 것으로 9,000m의 섬유나 실의 중량을 gram으로 나타낸 밀도의 단위라고 합니다. 제가 옛날 메고 갔던 텐트의 밀도는 모르겠는데, 소개된 텐트의 밀도는 15D라고 합니다. 말하자면 9,000m의

실 무게가 겨우 15g이라니 얼마나 가볍겠습니까?

폴대도 옛날의 스틸에서 FRP나 두랄루민을 소재로 한 가볍고도 단단한 합성물질이라고 합니다. FRP는 제2차 세계대전 중 영국이 개발한 것으로 유리를 0.1mm 정도로 가늘게 만든 유리섬유*fiber glass*에 에폭시, 비닐에스테르, 폴리에스테르와 같은 열강화성 플라스틱을 합쳐 가공한 '유리섬유강화플라스틱*Fiber glass Reinforced Plastics*'이라고 합니다. 알루미늄보다 가벼우면서도 철보다 강하다고 합니다. 두랄루민은 비행기동체에 사용하는 가벼우면서도 아주 단단한 물질입니다. 알루미늄에 구리와 마그네슘을 혼합하여 만든다고 합니다.

간단한 텐트소재에서도 첨단과학의 결정체가 보편화되고 있습니다. 앞으로도 첨단과학은 우리 생활 곳곳에서 함께할 것이고 더 좋은 제품이 계속 개발될 것입니다.

오늘도 최고의 날이 되십시오.

얼마 전 차를 몰고 가다가 무심코 걸려오는 휴대폰을 받다가 경찰에 적발이 되었습니다. 제 전화기는 현재 나온 기종 가운데 가장 소형이라 잘 안 보일 텐데도 경찰은 귀신같이 찾아내어 꼼짝없이 벌금 6만원을 물게 되었습니다. 억울하다는 생각이 들었지만 법을 어겼으니 별 수 있겠습니까? 나중에 보니 사거리 건너편에서 한 팀이 전화 받는 것을 체크하고, 다음 대기팀에 연락을 하여 적발하는 시스템이었습니다. 하필이면 그 친구는 왜 그때 전화를 걸어온단 말인가. 제가 안 받으면 되는 것을, 부질없는 원망을 하였습니다.

그 다음부터는 반드시 이어폰을 끼워 전화를 받고 있습니다. 그런데 사실 이게 매우 불편합니다. 선의 길이가 어떤 때는 공연히 길어 거추장스럽고, 어떤 때는 짧아서 전화기가 딸려오고, 또 어떤 때는 엉켜버려 이어폰을 쉽게 귀에 꼽지 못하는 경우가 많습니다. 그래서 잘 사용하지 않고 차라리 적당한 곳에 차를 세우고 전화를 받게 됩니다.

며칠 전 서울에 갔다가 선이 없는 핸즈프리로 통화하는 이어폰과 차 자체에 연결된 핸드폰에 대하여 이야기를 들었습니다. 그것이 오늘 말씀드리려는 '블루투스 '그러니까 억지로 번역하면 '푸른 이빨'이 되겠지요. 사실은 이 말이 10세기 덴마크왕의 이름이더군요. 당시 대립하던 부족들 간의 협상을 잘한 왕이랍니다. 이 블루투스는 1994년 에릭슨이라는 회사에서 최초개발한 개인근거리무선통신*Personal Area Networks : PANs*을 위한 것이라고 합니다. 다양한 기기들을 안전하고 저렴한 비용으로 라디오주파수를 이용하여 서로 통신하는 것이랍니다. 다시 말하여 이 무선기술은 컴퓨터나 노트북, PDA, 휴대폰, 캠코더 등에서 사용되고 있고, 최근에 나오는 고급자동차에도 내장되고 있습니다.

무선통신에는 블루투스 이외에도 IrDA*Infraed Data Association*, PIAFS*PHS Internet Access Forum Standard*, SWAP*Shared Wireless Access Protocol*, 무선랜*IEEE802.11b* 등이 있다고 합니다. 그 가운데 블루투스는 여러 가지의 기기를 한꺼번에 연결할 수 있는 장점이 있고, 소형화가 가능하며 소비전력도 매우 적다고 합니다. 그래서 휴대폰과 MP3 등과 같은 소형기기에 적합하다고 합니다. 현재 이를 이용한 제품이 많이 나와 사용하고 있다고 합니다. 자료에 보니 미국에서 2006년도 통계에 휴대폰의 약 22%정도가 블루투스를 사용한다고 합니다.

우리나라는 아직 그렇게 많이 사용되지 못하고, 택배기사, 오토바이나 자동차 운전자 등 정도만이 사용하고 있다고 합니다. 그것은

아직 가격이 비싼 반면 음질이 떨어지고, 배터리 수명이 짧기 때문이
라고 합니다. 모든 제품들이 그렇듯 초기에는 많은 단점들이 있지만
끊임없는 개발로 가격은 내려가고 품질은 좋아지게 될 것입니다. 그
렇게 되면 콩알만 한 이어폰으로 블루투스 기능을 완벽히 해낼 수 있
을 것이고, 저같이 차를 몰다가 휴대폰 받아 벌금 내는 일은 없게 되
겠지요.

　　오늘도 최고의 날이 되십시오.

시계
이야기

　여러분들은 언제 처음으로 시계를 차보셨나요? 저는 고등학교 1학년 때 초등학교 동기인 친구(집안 사정상 초등학교 졸업하고 바로 상점에 취직했던)가 자기네 가게의 중고품 시계라고 하면서 싸게 사라고 강제로 맡겨 처음 찬 기억이 납니다. 얼떨결에 받았지만 시계를 찬다는 것이 기분은 좋았습니다(얼마가지 않아 고장이 났지만요).

　그 후에 비싸지는 않지만 시계를 차게 되었습니다. 물론 지금 보면 아주 구식인 태엽 감는 시계입니다. 다른 친구들 중 날짜나 요일이 나오는 시계를 보면 신기해서 '와' 하고 몰려들고, 자동으로 태엽이 감기는 시계를 보면 정말 부러워서 눈을 뗄 수 없었지요.

　이 시계가 저희들 대학 시절에는 용돈 궁할 땐 참으로 요긴하게 한 몫 하기도 했습니다. 군대 간 친구가 갑자기 휴가 나오면 어떻게 합니까? 돈은 없고, 고생한 친구에게 대포 한잔 사야 하겠고, 도리 없이 시계를 풀어 전당포에 가서 급전을 빌려야 했습니다. 그러고 보니 요새 전당포가 어디 있는지 모르겠습니다.

요즈음은 이 시계가 단순히 시간을 알려주는 기구나 급할 때 급전 변통의 수단이 아니라 하나의 패션 아이템으로 자리 잡은 느낌입니다. 태엽으로 감아주는 시계는 찾아볼 수도 없고, 모두가 전지를 동력으로 하며 형태도 갖가지이고, 또 값도 그리 비싸지 않습니다. 오히려 옛날의 자동시계나 태엽 감는 시계가 고가의 명품이 되기도 하니 참 모를 일입니다.

시계의 역사를 살펴보니까 인류 역사상 맨 처음 나온 시계는 인류 문명과 더불어 만들어진 해시계라고 합니다. 6,000여 년 전 이집트에서 막대 하나로 태양의 움직임을 재던 '그노몬*gnomon*'이라는 것이 최초의 해시계라고 합니다. 그러다가 흐리거나 야간에는 잴 수 없는 해시계의 단점으로 BC 1,400여 년경 역시 이집트에서 물시계가 나왔다고 합니다. 1424년 우리나라에서도 세종의 명을 받은 장영실에 의하여 '자격루'라는 자동물시계가 만들어졌고 그것은 덕수궁에 아직 남아 있습니다. 우리가 사우나에서 보는 모래시계는 4~16세기에 사용되었고, 초가 타는 것을 측량해 재는 초시계, 기름의 양으로 측정하는 램프시계가 나오기도 했답니다.

기계시계는 16세기 말 유명한 갈릴레이의 '진자의 등시성' 원리의 발견으로 시작되었습니다. 길이의 차이에 상관없이 진동하는 시간은 같다는 데 착안하여 17세기 네덜란드의 호이겐스가 진자시계를 만들게 되었습니다. 그러나 진자시계의 경우 어쩔 수 없는 오차가 나오게 되었습니다. 물론 해시계나 물시계와는 비교가 안 되는 것이지만요. 그러다가 19세기에 들어와 대단히 정밀한 수정시계의 원리가 개발되었습니다. 이것은 수정의 한 조각을 진공관에 넣어 전압을 가하면 일정하게 진동한다는 원리에 따른 것이었습니다. 수정시계에 사용하는 수정진동자는 1초에 32,768번 진동하는 것을 이용함으로서 거의 오차가 없는 시계를 만들게 되었답니다.

20세기 들어서는 손목시계가 출현했습니다. 처음 나오게 되었을 때는 귀부인의 장식품이었던 모양입니다. 이것이 전쟁을 거치면서 군 작전상 필요하게 되어 보급이 널리 이루어지고, 1차 대전 이후에는 일반인에게도 보급이 되었습니다. 이런 손목시계가 요즈음 다시 패션으로 바뀌는 것은 복고적 유행인지도 모르지요. 이 좋은 가을에 옛날 시계를 풀어 대포 마시던 학창 시절이 생각나서 몇 자 적었습니다.

오늘도 최고의 날이 되십시오.

전자레인지

　제 왼쪽 정강이에는 조그만 삼각형의 검은 흉터가 있습니다. 아마 제가 기억하는 가장 어릴 때의 기억인데요. 다섯 살 무렵이라고 생각합니다. 마당에 있는 화덕 모서리에 찔려서 난 화상자국입니다.

　그때는 대개 아궁이에 나무를 때서 밥을 해먹었는데 여름에는 마당에 둥근 쇠화덕을 놓고 거기에 솥을 얹어 나무를 때 밥과 국을 끓여 먹곤 했습니다. 먹을 게 많지 않았던 그 시절, 그래도 먹을 것을 끓여 식구들이 배불리 먹는 것이 즐거움인 우리의 어머니들은 힘든 줄 모르고 아궁이와 화덕에 불을 때고 땀을 흘리면서 밥과 국을 했을 겁니다.

　그 후, 연탄이 보급되면서 장작불 때는 고생은 사라지기 시작했습니다. 그러나 이것 역시 불붙이기도 어렵고 어쩌다 꺼지기라도 하면 다시 붙이기가 어려워 이웃집에 빌리러 가기도 했던 기억이 납니다. 그래도 어머니들은 겨울이 다가오면 쌀독에 쌀 차고, 광에 연탄만 가득하면 마음이 편해졌습니다. 거기에 김장을 하게 되면 월동 준비는 다 된 거였습니다.

이런 풍경이 어느새 추억으로 바뀌었습니다. 아파트가 보급되면서 난방은 보일러로 하게 되고, 가스가 보급되면서 가스레인지가 음식을 만들게 되었습니다. 참 편리해졌습니다. 저도 결혼 10년 넘도록 아내에게 연탄 불가는 수고를 시키다 90년대 중반, 도시가스가 들어오게 되어 연탄불에서 해방시켜준 조금 미안한 기억을 갖고 있습니다.

이제는 음식 조리를 위해 필요한 기구도 한두 가지가 아닙니다. 가스레인지도 있고, 전기밥솥, 압력밥솥, 오븐, 또 인덕션이라는 것도 있습니다. 저는 그중에 제일 신기한 것이 전자레인지입니다. 아니 어떻게 짧은 시간에 불도 안 땠는데 요리가 되는지 모르겠습니다.

전자레인지는 전자기파, 전파라고 하는데 이 전파 중 마이크로파를 이용하여 음식을 요리한다고 합니다. 모든 물체는 저마다 고유진동수를 가지고 있는데 전자레인지에서 발생하는 마이크로파의 고유진동수가 2,450MHz입니다. 이것이 물의 고유진동수와 같아 물 분자가 전파에너지를 흡수하여 격렬한 회전운동을 하게 된답니다. 이런 원리로 음식은 에너지 손실 없이 전파에너지를 열에너지로 바꾸어 짧은 시간에 요리를 거뜬히 할 수 있다는 것이지요.

　　도자기나 유리는 이 전파에너지를 흡수하지 않고 그대로 통과시켜 그릇은 데워지질 않고 음식만 데워지니까 요리가 가능한 데 비하여, 금속의 경우는 마이크로파를 통과시키지 않고 반사시킨다고 합니다. 밀봉된 채 넣게 되면 물 분자의 운동으로 자칫 파열될 수도 있기에 주의해야 합니다.

　　이 전자레인지가 앞으로는 더 나아가서 직접 온라인 웹사이트와 연결되어 요리재료를 넣으면, 네트워크로 알아서 최적의 요리방법을 찾아 최고의 요리를 만들 수도 있다고 합니다. 음식 솜씨 없다고 내내 요리 만들기에 인색한 제 아내도 변명할 수 없을지 모르겠습니다.

　　오늘도 최고의 날이 되십시오.

바이오자물쇠

바이오자물쇠하면 잘 모르시겠지요. 요즈음 많이 쓰고 있는 '생체 특성인식자물쇠'라면 아실까요. 아무튼 저는 결혼한 이래 열쇠를 갖고 다니질 않고 번호로 문을 열었습니다. 왜냐고요? 글쎄 말씀드리기 조금 부끄럽지만, 무거운 열쇠덩어리 들고 다니는 것이 싫고 또 제가 원체 늦게 들어오기 때문에 공연히 문 열어주느라 식구들이 잠을 설치지 말라고 제가 자진해서 문을 따고 들어올 수 있도록 한 것입니다.

이 번호열쇠는 무거운 쇠 덩어리를 들고 다니는 수고를 없애 좋은 면이 있지만 숫자를 외워야 한다는 불편이 따릅니다. 솔직히 말씀드리면 젊은 날, 매일같이 술 마시고 늦게 들어올 때 손가락이 자동으로 움직이는데, 이게 그만 조금이라도 덜 취해 숫자를 머리로 생각할 때는 곧잘 헷갈려서 문 여는 데 진땀을 빼기도 하였답니다.

　연휴로 장기간 집을 비우게 되면 어느 때보다 문단속에 신경을 쓰게 됩니다. 제가 어린 시절, 살기 어려웠어도 문단속에 그렇게 신경을 쓰진 않았던 것 같습니다. 사립문이라고 아시지요. 나뭇가지를 엮어 엉성하게 만든 문이 바로 사립문입니다. 훔쳐갈 것도 없어 그런지 사립문만으로도 도둑 걱정은 없는 시절이었습니다. 그렇게 자라다가 콘크리트로 된 아파트단지 철문에 묵직한 금속덩어리 자물쇠, 그것도 두 개씩 달아놓고도 안심이 안 되어 스테인리스로 된 걸쇠까지 설치한 것을 보면 저절로 숨이 막힙니다.

　자물쇠의 역사를 찾아보니 기원전 2,000년경 이집트에서 만들어진 것이 제일 오래되었다고 합니다. 이것이 로마를 거쳐 사용되다가 본격적으로 제대로 된 자물쇠가 나오게 된 때는 역시 경제적 부가 나타난 18세기 산업혁명 이후라고 합니다. 한동안 자물쇠는 잠그는 기능보다는 장식용의 성격이 많았다가 경제적 가치가 높아지게 됨에 따라 안전하게 보관을 할 수 있는 잠금장치의 성격으로 변화되었다고 합니다.

　자물쇠의 종류도 원통형, 활대형, 함박형, 반달형 등 갖가지 모양의 자물쇠가 나오게 되었습니다. 그러다가 차차 금속열쇠에서 전기·전자를 이용한 첨단자물쇠가 나오게 되었습니다. 번호를 인식하는 디지털 도어락, 카드 자물쇠 등이 나와 있습니다. 여기에 한 발짝 나아가 반도체를 내장시켜 인식하게 하는 자물쇠도 나와 스스로 암호가 일정기간이 되면 계속 바뀐다고 합니다. 그렇지 않아도 비밀번호가 넘쳐나는 세상에 머리 둔한 저 같은 사람은 스스로 비밀번호가 바뀌는 자물쇠 앞에서는 도저히 적응을 못할 듯합니다.

그런 까닭일까요. 요즈음은 지문을 인식시키는 생체인식자물쇠가 나와 있습니다. 가끔 영화에서 보면 지문뿐만 아니라 눈의 홍채까지 인식시키는 자물쇠가 나와 있는 것을 본 적이 있을 겁니다. 이런 생체인식자물쇠, 말하자면 바이오자물쇠가 되겠지요. 이런 것이 보편화된다면 일부러 무거운 쇠 덩어리 열쇠나 외우는 데 신경 쓰는 디지털 도어락은 필요가 없겠지요. 자물쇠만이 아닙니다. 이제는 필수품이 된 핸드폰 역시 생체인식자물쇠 기능이 내장되어 시판되는 세상이 되었습니다. 가격도 가격이거니와 중요한 정보가 가득 담긴 만큼 안전장치를 해 두는 게 중요해졌기 때문입니다.

어떤 것이 좋은지는 모르겠습니다만 우리 삶이 더 편리하면서도 안락할 수 있다면 그것이 좋은 게 아닐까요? 여기에도 과학의 힘은 필요하다고 봅니다.

오늘도 최고의 날이 되십시오.

전기밥솥

저도 솔직히 말씀드리면 자취경력이 조금 됩니다. 서울에서 학교 다니는 아이들 때문에 아내는 청주와 서울을 번갈아 오가면서 살림을 하고 있어 그렇습니다. 사실 자취라고 해봐야 밥하는 일 하나이고, 반찬은 아내가 미리 만들어 둔 것을 꺼내 먹는 것일 뿐이지요. 그렇지만 남자들끼리 얘기할 때는 모르겠는데, 여자들과 얘기를 해 보면 무척 놀라면서 밥 한다는 한 가지만으로도 친근감을 표시하더군요. 아마도 많은 남자들이 혼자 있으면 밥을 잘 안 해 먹는 모양입니다.

어린 시절 어머니가 늘 돈 버느라고 나가셔서, 끼니때가 되면 두 동생과 함께 부엌에서 밥을 꺼내 먹던 습관이 들어서인지 결혼하고도 그런 것은 신경을 쓰지 않았습니다. 문제는 밥이 없어서 직접 해야 할 때입니다. 그때는 라면도 나오기 전이라서 오로지 밥을 먹어야 했습니다. 연탄불에 지어야 했는데 그게 보통 어려운 게 아니었습니다. 우선 쌀도 잘 일어야 하고(참 옛날에는 왜 그리 돌이 많았는지요) 알맞게 물을 부어 앉혀야 합니다. 다 끓은 뒤에도 어느 정도 뜸을 들여야 했지요. 또 보온밥통이 있길 했나요. 스테인리스 식기에 담아 아랫목에 두어 식지 않게 해야 했습니다. 옛날 어머니들은 어떻게 밥을 하고 밥을 따뜻하게 덥히셨는지 신기할 따름입니다.

결혼 후, 얼마 안 가서 압력밥솥이 나오고요, 전기밥솥이 나왔습니다. 또 밥솥과 보온을 겸비하는 전기보온밥솥도 나왔습니다. 편리함이야 두말할 필요가 없습니다. 요즘에는 한 발짝 더 나가 반도체칩에 컴퓨터기능이 내장된 마이크로컴퓨터를 설치하여 모든 것을 알아서 해주는 밥솥이 나와 밥하는 것은 기술이 필요 없을 정도입니다. 실제로 물을 많이 넣어도, 적게 넣어도 알아서 적당히 밥을 해주니까요.

전기밥솥은 1920년대 전기에너지로 열을 얻는 방식을 사용하여 개발된 것으로 일본에서 1950년 이후 본격적으로 보급되었다고 합니다. 처음 개발된 방식은 내부 열을 공급하는 열판을 밑에 두고 그 위에 솥을 두어 밥을 짓는 열판식이었다고 합니다. 요새는 IH*Induction Heating*, 즉 전자유도방식으로 솥 자체에 구리코일을 감아 강한 전류를 보내 가열시키는 방식으로 열을 고루 전달하여 밥이 아주 잘된다고 합니다. 우리나라 전래의 가마솥 원리와 같다고 합니다. 1980년대에는 일본여행을 가면 모두들 코끼리밥통을 사 들고 와서 신문이 야단법석을 떨기도 한 기억이 납니다만 지금은 우리나라의 밥솥이 훨씬 더 좋은 모양입니다.

　쌀도 얼마나 좋아졌습니까? 돌 하나 찾아볼 수 없지요, 그대로 씻기만 해서 앉히기만 하면 됩니다. 라면을 끓이려면 물 넣느라고 한 번, 끓는 물에 라면 넣느라고 또 한 번, 최소한 두 번을 뚜껑을 열어야 하지만 밥은 딱 한 번만 열면 됩니다. 나머지는 다 알아서 시간도 맞추고, 양도 맞추어 주니까요. 이런 문명의 이기利器 덕을 톡톡히 보면서 자취한다고 하면 맞는 말인지 의심스럽지요. 저뿐만 아니라 이런 맛을 아는 젊은 독신자들이 늘어나 결혼연령이 점차 늦어지는 것은 아닌지 모르겠습니다.

　오늘도 최고의 날이 되십시오.

냉장고

　추석이 지난 뒤에 어머니가 해주시는 밥상에는 전을 넣어 끓인 찌개가 올라왔습니다. 요즘은 차례 지낸다고 전을 부쳐도 옛날처럼 종류도 다양하게, 또 양도 풍족하게 하지는 않아서인지 그런 찌개를 맛보는 일이 없어졌습니다. 명절날 만들어야 할 주 음식이 설에는 떡국이고, 추석에는 송편이지만 사실 파전, 생선전, 고기완자전 등 전을 만드는 일이 가장 큰 일거리였습니다.

　전煎을 사전에서 찾아보면, 우리말로는 '저냐'(사전에 나와 있는데 저도 처음 봅니다)라고 하며 고기나 생선을 얇게 저민 뒤에 밀가루와 달걀을 씌워 기름에 지진 음식이라고 나와 있습니다. 원래는 전유어煎油魚라고 하여 생선을 얇게 저며 기름에 지지던 것이 이처럼 다양하게 변했다고 합니다. 말이 그렇지 솥뚜껑보다 넓은 무쇠그릇에 기름칠을 하고 음식을 지지는 일이 얼마나 번거롭고 힘들었겠습니까? 그렇지만 철없는 저희들은 소쿠리에 담긴, 방금 지진 전들을 보면 왜 그렇게 고소하고 침이 도는지 어머니 몰래 집어먹던 그 맛을 잊을 수가 없군요.

왜 우리 명절이나 제사, 잔치 때에는 번거롭게 전을 부쳤을까요? 제 생각에는 냉장고가 없던 시절에 가장 효과적으로 오래 먹을 수 있는 방법이 기름에 지지는 것이 아니었나 생각합니다. 많은 사람이 먹어야 하는 음식을 만들 때 자칫 음식이 상하게 되면 큰일 아니겠습니까? 그래서 기름에 지지면 상할 염려가 적어 비교적 오래 두고 음식을 먹을 수 있었을 겁니다.

선사시대부터 음식을 오래 보관하는 일은 큰 숙제였을 겁니다. 말리기도 하고, 연기에 그을리기도 하고 하여간 다양하게 연구를 하였을 것이고 그에 따라 음식 하는 방법도 다양하게 발전하였을 것으로 짐작됩니다. 그러다가 기온이 낮아지는 겨울에는 음식이 오래간다는 사실을 발견하고 얼음을 오래 보관하는 석빙고 같은 시설을 만들었을 겁니다. 신라시대의 석빙고가 아직 있는 것을 보면 그 역사가 매우 오래되었음을 알 수 있습니다.

이런 관점에서 보면, 획기적으로 음식을 오래 보관할 수 있는 냉장고의 등장을 인류 100대 과학사건 중 하나로 꼽는 것이 이해됩니다. 냉장고는 1830년경 얼음을 만드는 기계가 나오면서 등장하였다고 합니다. 우리 몸에 알코올을 묻혔다가 불면 시원해지는 것처럼 에테르나 암모니아와 같은 액체가 증발할 때 온도가 내려가는 원리를 사용하여 만들게 되었다는 것입니다. 1871년 독일의 과학자 칼 린테가 뮌헨의 양도공장에 암모니아 냉매를 사용한 공업용 냉장고를 만든 것이 최초이고, 이후 1925년 에디슨이 세운 제너럴 일렉트릭에서 가정용 냉장고를 보급하기 시작했다고 합니다.

우리나라도 1965년부터 냉장고를 만들기 시작하였고, 지금은 세계 굴지의 냉장고 생산국가로 우뚝 섰습니다. 초기 냉장·냉동의 냉장고에서 양문형으로 다시 3도어로, 이제는 4도어 냉장고까지 나오게 되었다고 합니다. 또 한걸음 나아가 단순한 냉장고에서 김치냉장고, 화장품냉장고, 와인냉장고, 생선냉장고 등 분화되고 있습니다. 어디까지 갈지 모르겠습니다.

그래도 여전히 어머니의 손맛이 깃든 전과 그 전을 넣은 찌개가 그리운 것은 사실입니다. 그 음식 안에 자녀를 향한 어머니의 애정과 그에 따르는 정성이 깃든 까닭입니다.

오늘도 최고의 날이 되십시오.

전기세탁기

저는 퇴근을 하면 와이셔츠를 제가 빱니다. 뭇 남성들에게 비난을 들어 마땅하지만 언제부터인지 버릇이 되어 버렸습니다. 와이셔츠 빨래가 간단한 면도 있기 때문입니다. 세수하면서 와이셔츠를 빨래 비누로 목이 닿는 셔츠 깃과 팔목부문을 문질렀다가 가볍게 솔로 때를 빼내고, 대야에 물을 받아 담가두었다가 꺼내어 몇 번 헹군 뒤에 옷걸이에 말리면 되거든요.

어느 날, 갑자기 억울하다는 생각이 들어 슬며시 빨래를 하지 않았더니 아내가 왜 안 하느냐고 하더군요. 그래서 짐짓 시침을 떼고 말했지요.

"아니, 당신은 내가 이렇게 와이셔츠를 매일 빨아도 고마워하질 않잖아."

"무슨 소리예요? 내가 얼마나 고마워하는데, 말로 표현을 안 할 뿐이지. 친구들한테도 얼마나 자랑을 하는데…. 빨리 빨기나 해요."

'아, 고마워는 하는구나.' 이렇게 생각하고 다시 성실하게 와이셔츠를 빨았습니다. 누가 이긴 건지는 잘 모르겠습니다.

사실 고백하자면 결혼을 하기 전 아내는 제게 다른 세간은 없어도 되지만 세탁기는 반드시 있어야 한다고 강조를 했습니다. 왜 그렇게 강조했는지는 모르지만 아내는 가사노동에서 제일 힘든 게 빨래라고 생각했었던 것 같습니다. 차디찬 개울이나 우물가에서 시린 손을 불어가면서, 세탁비누도 변변치 못하여 양잿물을 쓰고, 방망이로 두드려서 빠는 모습이 생생합니다. 요즘 세상은 얼마나 좋아졌습니까? 모든 가정에서 더운 물이 수시로 나오고 환경오염의 문제가 있지만 성능 좋은 세제가 있고 거기에 갖가지 기능을 가진 세탁기가 나와 있습니다.

1851년 미국의 제임스 킹이라는 사람이 최초로 실린더식 세탁기를 만들었다고 합니다. 그 후 1874년 윌리엄 블랙스톤이라는 사람이 손으로 돌리는 기계식 세탁기를 만들었고, 1908년에 전기를 사용하는 세탁기가 나왔습니다. 1911년 미국의 메이택이라는 회사가 세탁기를 판매하기 시작하였고, 이어서 월풀이 본격적인 자동전기세탁기를 개발하면서 본격적인 전기세탁기시대가 열리게 되었습니다.

전기세탁기는 동력장치인 전기모터, 빨래에 힘을 전달하는 기계부, 세탁과정을 조정하는 조작판, 물을 넣고 빼는 급수장치와 배수장치로 구성됩니다. 세탁은 세탁물의 마찰력 70%, 세탁세제 20%, 물

10%로 진행됩니다. 세탁기의 원리는 원심력을 활용하는데 바닥의 회전날개가 빠른 속도로 돌아가면 세제와 빨래도 함께 회전하면서 때가 빠지는 것입니다. 이때 돌아가는 속도는 1분에 1,000에서 3,000회에 달한다고 하니 엄청나게 빠른 속도임을 알 수 있습니다.

한국과 일본은 냉수세탁이 가능한데 물이 센 유럽지역은 비누가 잘 풀리질 않아 쳇바퀴처럼 생긴 드럼을 회전시키는 드럼세탁기를 사용합니다. 이 세탁기는 물을 적게 쓸 수도 있고, 빨랫감을 삶는 효과도 있어 우리나라에서도 많이 보급되었답니다. 또 은 이온을 생성시켜 옷이나 물속에 있는 세균을 없애는 은나노 드럼세탁기도 나오게 되고, 최근에는 세제를 쓰지 않아도 되는 무세제 드럼세탁기도 등장했습니다. 무세제 드럼세탁기는 물을 전기분해하여 세탁이 가능하도록 물의 성질을 바꾸는 것이라고 합니다.

과학의 발전은 추운 겨울날 손이 얼어가면서도 빨래를 해야 했던 우리의 어머니들의 고생을 되풀이 하지 않도록 하였습니다. 가사노동조차 편하게 할 수 있는 세상이 왔습니다. 그렇다고 가사노동이 여성의 몫에서 남성의 몫으로 넘어오지는 않았습니다. 그래서 남성분들께 조용히 말씀드립니다. 이제 가사노동이 편리해진 시대가 되었으니 어느 정도는 받아오시는 것이 어떨지, 사랑하는 아내를 위해 한 번쯤은 생각해보시기 바랍니다.

오늘도 최고의 날이 되십시오.

진공청소기

　휴일이 되면 아침 늦게 우리 집은 작은 전쟁을 하게 됩니다. 밥상을 준비하는 아내가 청소를 하라는 엄명을 내리면 큰 딸아이와 제가 벌이는 작은 실랑이 때문이지요. 나는 이것을 치울 테니 너는 청소기를 돌려라 하면 이 녀석은 힘이 약한 딸한테 무거운 청소기를 돌리라는 아버지가 어디 있느냐고 귀여운 항변을 합니다. 그러면서도 곧잘 청소기를 꼼꼼히 돌리곤 합니다.

　옛날에는 방바닥을 비로 쓸고, 다시 걸레를 빨아 닦아야 했었습니다. 밥하고, 빨래하고, 청소하는 일. 이 세 가지 집안 일이 쉬운 게 어디 있었습니까? 다 어머니들의 무거운 짐이었습니다. 거기에 아이들도 많이 낳아 길러야 했으니…. 그 속에서 저희들은 자라난 것이지요. 생각하면 할수록 어머니에게 미안하고 죄스럽기만 합니다.

　책을 보니까 우리나라 가정에서 청소에 쏟는 시간이 한 달 평균

15시간 정도라고 합니다. 한번 청소하는 데 30분이 걸린다는 거지요. 말이 그렇지, 청소라는 것은 쉴 새 없이 움직여야 하니까 대단한 힘이 드는 노동이라 할 수 있습니다.

이런 힘든 청소를 보고 어떻게 쉽게 청소를 할 수 없을까 생각하던 영국의 휴버트 세실 부스*Hubert Cecil Booth*라는 과학자가 1901년 진공청소기를 만들어냈다고 합니다. 그는 '먼지를 빨아들일 수 없을까?'라는 생각을 하다가 손수건을 입으로 빨아들이는 간단한 실험을 통하여 진공청소기를 발명하게 되었다는 것입니다.

진공*眞空*이란 아무것도 없이 비어있는 공간이라는 뜻입니다. 그러나 현실적으로 어떤 입자도 전혀 없는 절대진공을 만들 수는 없다고 합니다. 그래서 실제 진공은 '주위 대기보다 압력이 낮은 공간'을 의미한다고 합니다.

일반적으로 공기 속에는 질소, 산소, 탄산가스, 헬륨, 아르곤과 같은 여러 가지 기체가 섞여있습니다. 그런데 이들 기체 분자의 수가 1㎤당 2.5×1,019개나 된다고 합니다. 잘 생각이 안 되지요. 쉽게 말씀드리면 손가락 한 마디 정도의 부피에 세계인구의 40억 배가 넘는 기체분자들이 있다는 것입니다. 그래서 국제표준기구*ISO*에 따르면 진공은 '1㎤당 분자 수가 2.5×1,019개보다 적은 경우'로 정의한다고 합니다.

　그러니까 진공청소기는 내부에서 1분에 10,000번 이상 팬을 회전시켜 청소기 내부의 분자기체수를 1㎤당 2.5×1,019개 이하로 만들어 흡인력이 생기도록 하여 먼지를 빨아들이게 한 것입니다. 다시 말씀드리면 주사기로 약물을 빨아올리는 것과 같은 원리라고 하겠습니다.

　이러한 진공청소기는 발전을 거듭해서 이제는 묵은 때를 닦아주거나 살균효과를 갖춘 '스팀청소기'도 나오게 되었고, 자동으로 알아서 청소를 할 수 있는 '로봇청소기'도 등장하게 되었습니다.

　과학의 발달로 이런 기기들이 가사를 대신하게 되면 휴일에 아이들과 벌이는 작은 전쟁은 종식되겠지요. 그러나 그렇게 되는 것이 좋기만 한 것인지는 모르겠습니다. 가족끼리 아옹다옹하면서 정을 나누는 기회는 점점 더 줄어드는 것이 아닌지 걱정이 됩니다.

　오늘도 최고의 날이 되십시오.

선크림

저는 어릴 때부터 누나가 없어서인지 화장품을 접할 기회가 없었습니다. 어머니도 장사를 하셨기 때문에 화장에 쏟을 시간이 없으셨고 집에 화장품을 많이 두질 않아 자연히 화장품에 대해서는 관심도 없었습니다. 그러던 제가 언제부터인가 외출할 때에는 반드시 선크림을 바르라는 아내의 강요(?)에 못 이겨 선크림을 바르고 나가는 것이 버릇이 되었습니다. 수염이 나서 면도를 할 때도 로션을 바르지 않던 제가 이젠 로션에 선크림까지 바르니 참 많이도 변했습니다.

사실은 아내가 챙겨주기 때문이기도 하지만 선크림을 발랐을 때와 바르지 않았을 때의 차이가 너무 크기 때문입니다. 제 얼굴이 원래 잘난 편이 아니라는 것을 잘 알고 있습니다만 선크림을 바르지 않고 사람들을 만나면, 아니 요즈음 얼굴색이 어째 그러느냐고 아주 측은해 합니다. 반대로 선크림을 바르고 나가면, 아니 요즈음 얼굴이 어째 그렇게 좋으냐고 기운을 불어넣어 줍니다. 웬만하면 거짓말로 나이든 분에게는 왜 이리 젊어지셨느냐고 하고, 뚱뚱한 사람에게는 왜 그리 날씬해졌느냐는 말을 합니다만 선크림을 발랐을 때와 안 발랐을 때 사람들이 던지는 이야기는 빈말이 아닌 것 같습니다.

선크림은 정확하게 자외선차단크림을 말하는 것으로 피부를 코팅해 태양광선의 자외선을 차단시키는 작용을 한다고 합니다. 자외선*ultra violet*은 보랏빛보다 파장이 짧고 눈에 보이지 않는 복사선을 말하며 화학작용이 강하고, 피부가 햇볕에 타는 원인이 되는 빛을 말합니다. 국제조명위원회에서는 이 자외선을 파장에 따라 자외선A, 자외선B, 자외선C로 나누어놓고 있습니다. 자외선A는 파장이 320~400nm(1nm는 10억분의 1m를 말합니다)이고, 자외선B는 280~320nm, 자외선C는 100~280nm라고 합니다.

파장이 가장 작은 자외선C가 우리 피부에 가장 위험하지만 다행이도 오존층이 막아주고 있다고 합니다. 선크림은 자외선B와 C를 차단해주는 기능을 해주는 것입니다. 그런데 이 선크림에 표시된 SPF는 자외선B를, PA는 자외선C를 차단해주는 정도를 나타낸다고 합니다. SPF는 Sunscreen Protection Factor의 약자로 SPF1은 약 15분 정도 자외선을 차단해준다는 표시라고 합니다. 그러니까 SPF15는 225분 정도, SPF30은 450분 정도 자외선을 차단해준다고 볼 수 있습니다. 그러나 SPF지수가 높다고 무조건 좋은 것은 아니랍니다. 너무 높으면 피부에 부작용을 일으킬 수도 있다는 말입니다. PA는 Protection Grade of UVA의 약자로 자외선A를 차단하는 정도를 나타내는 것입니다. 자외선A는 자외선B보다 에너지가 작지만 오래 노출되면 역시 피부에 손상을 줄 수 있다는 것이지요. PA지수는 +로 나타내는데 +가 많아질수록 그 효과가 높다고 합니다.

타고난 얼굴이야 어쩔 수 없지만 가벼운 크림으로 얼굴색이 좋다, 나쁘다를 결정할 수 있다면 당연히 사용해야 좋은 게 아닐까요? 저는 그래서 햇볕이 부드러운 봄가을에도 열심히 선크림을 바르려고 합니다.

오늘도 최고의 날이 되십시오.

텔레비전 1

제가 처음 텔레비전을 본 것은 1967년, 중학교 3학년 때였습니다. 전국웅변대회에 출전하려고 서울에 올라온 날 세운상가에서 네모 상자 속에 움직이는 영상을 보고 신기해했던 기억이 생생합니다. 고등학교 때는 청주에서도 많은 집에서 텔레비전을 사놓기 시작해 이웃집에 연속극 보러 놀러가던 생각이 납니다. 대학교 때는 유명한 스포츠게임이 있는 날은 다방이 그야말로 극장처럼 변했던 기억도 나네요.

지금은 텔레비전이 없는 집이 없고, 주머니에 넣고도 다니는 세상이 되었으니 불과 40여 년 사이에 엄청난 변화가 있었다고 하겠지요. 그만큼 텔레비전의 위력도 커져 이제 텔레비전 없는 세상은 상상도 할 수 없게 되었습니다.

텔레비전의 역사를 보니까 1876년 미국의 알렉산더 그레함 벨의 전화 발명이 계기가 되었다고 합니다. 유선이라는 한계가 있지만 소리를 전파로 전달하게 되면서 곧이어 1888년 독일의 헤르츠가 전파 발생에 성공하고, 1895년 마르코니가 무선전신장치를 만들게 되면서 소리를 전파로 바꾸어 전달하는 라디오가 나오기 시작하고, 1920년경에는 미국, 영국, 프랑스, 독일 등에서 라디오방송을 시작하였습니다. 이어서 소리를 전파로 전달한다면 그림도 전파로 전달할 수 있을 것으로 믿은 사람들이 텔레비전을 개발하게 된 것은 쉽게 짐작이 갑니다.

텔레비전은 방송을 보내는 송상기와 이것을 받는 수상기가 주가 되는데, 송상기는 화상을 여러 개의 화소(화면을 구성하는 명암을 나타내는 최소단위의 점, 화소가 많을수록 해상도가 높다고 합니다)로 분해하여 전파로 송신하는 것입니다. 수상기는 텔레비전이지요. 정확하게 말씀드리면 텔레비전 안의 브라운관에서 화면으로 보여주는 것이지요. 더 자세히 말씀드리면, 1878년 브라운이라는 학자가 유리관 속에서 형광물질을 이용하여 빛을 내는 '브라운관'을 발명하게 되고, 1884년에는 니프코브라는 학자가 구멍이 있는 원판을 가지고 빛을 전기신호로 바꾸어 전송하는 방법을 개발하게 됨으로써 텔레비전방송이 가능하게 되었다는 것입니다.

1925년경 미국, 영국, 독일 등에서 텔레비전을 실험방송하게 되었으나 라디오의 힘에는 미치지 못하였고, 때맞추어 터진 경제대공황으로 본격적인 방송이 이루어지지 못했나 봅니다. 그러다가 1936

년 베를린올림픽 개최를 계기로 히틀러가 텔레비전을 선전도구로 이용하게 되어 중계방송이 이루어지고, 미국에서도 루즈벨트 대통령이 정치적으로 텔레비전을 이용하게 되어 활성화가 되었다고 합니다. 2차 대전 후에는 텔레비전 개발이 급진전되었고 1967년에는 컬러텔레비전 방송이 시작되었습니다.

우리나라도 역시 정치적 이유로 1956년 5월 12일부터 당시 자유당정부가 선거를 앞두고 텔레비전방송을 시작했더군요. 물론 흑백방송이었지요. 1980년 12월에 컬러텔레비전 방송이 시작되었는데 이 역시 당시 5공 정부가 정치적 이유로 서둘렀다고 합니다. 어쨌거나 무척 신기했던 컬러텔레비전 방송 덕분에 여가를 재미있게 보내게 된 것은 사실이지요.

그것도 잠시, 2002년에는 고화질 디지털텔레비전 방송이 시작되고, 이제는 유선방송, 위성방송, 쌍방향방송, 주문형 방송 등 어디까지 가는 것인지 모르겠습니다.

오늘도 최고의 날이 되십시오.

텔레비전 2

내친김에 텔레비전 이야기를 한 번 더 드리겠습니다. 지금 집에서 보고 있는 텔레비전이 90년인가 구입한 30인치 형인데 조금 오래되어서인지 화면이 넘쳐 아래, 위가 잘립니다. 그래서 아이들이 자꾸 요새 나온 최신형 텔레비전으로 바꾸자고 야단입니다. 그러나 애들 엄마나 저나 별로 불편을 느끼지 않아 그냥 못 들은 체하고 버티고 있는 중입니다.

그런데 얼마 전, 친한 친구와 저녁을 먹다가 텔레비전 이야기가 나왔습니다. 그 친구 말인즉, 집에 들어가서 보내는 시간 중 텔레비전 보는 시간을 무시할 수 없는데 그렇다면 최고의 성능을 가진 텔레비전을 구하는 것이 돈 내버리는 것은 아니라는 것이었습니다. 그래서 현재 나와 있는 텔레비전 중 가장 최신형이면서 화면이 큰 LCD텔레비전을 구했다는 것입니다. 뭐 그렇다고 그 친구 말에 전적으로 동의하진 않았지만 한편으로 일리는 있어 보였습니다.

1990년대까지는 브라운관이 디스플레이시장을 이끌어왔습니다. 그러나 이 브라운관은 내부에서 전자총을 쏘아서 화면을 보여주기 때문에 공간을 많이 차지하는 단점이 있습니다. 우리 집 텔레비전도 사실 덩치가 매우 커서 이사할 때도 힘들고 지금도 공간을 엄청나게 차지하고 있습니다. 그래서 사람들은 화면은 크면서도 공간은 차지하지 않는 평판디스플레이를 개발하게 되었던 것은 다 아실 겁니다.

평판디스플레이의 대표라 할 수 있는 LCD는 Liquid Crystal Display의 약자로 액정을 이용한 것입니다. LCD의 역사는 생각보다 긴데 1888년 오스트리아의 라이니처라는 학자가 고체와 액체의 중간 형태인 '액정'을 발견하면서 시작되었다고 합니다. 고체는 분자가 일정하게 배열되고, 액체는 무질서하게 배열되지만 액정은 중간 성질로 무질서하지만 약간의 규칙성을 가지고 있으며 전압을 걸면 분자배열 방향이 바뀐다고 합니다. 이를 이용하여 빛의 투과량이나 반사량을 조절하여 만들어낸 디스플레이인 것입니다.

다만 LCD는 스스로 빛을 내지 못하고 백라이트라는 외부광원이 있어야 한다고 합니다. 그러나 LCD는 액정분자 하나하나가 빛을 조절해주기 때문에 화면이 깨끗하게 표현됩니다. 이것이 나오면서 텔레비전뿐만 아니라 PC도 슬림화되어 우리 책상의 공간도 넓어지게 되었습니다.

그런데 LCD는 화면응답속도가 느리고, 정면에서는 괜찮지만 측면에서는 색상이 변하는 문제가 있습니다. 그래서 스포츠중계에 잔상이 남게 되고, 홈쇼핑으로 구입한 옷의 색상이 다른 경우가 나타나게 됩니다.

이런 단점에 대응하여 개발된 것이 PDP입니다. PDP는 Plasma Display Panel의 약자로 플라스마라는 물질을 이용하는 것입니다. 플라스마는 기체, 액체, 고체와 구별되는 제4의 물질이라고 합니다. 지구에서는 자연적으로 존재하기 어렵지만 온도가 매우 높은 은하계 등 우주공간의 99.9%가 이 플라스마 상태로 이루어져 있다는 겁니다. 바로 이 플라스마에서 나오는 자외선이 형광체에 부딪혀 가시광선으로 바뀌는 원리를 이용한 것이지요.

이 PDP는 스스로 빛을 만드는 발광형이기 때문에 LCD보다 응답속도가 빨라 스포츠중계나 액션영화에도 좋다고 합니다. 화면을 구성하는 격자마다 빛을 내고 있어 색감을 보면 LCD보다 좋습니다. 그러나 PDP는 LCD보다 전력소비가 많다는 단점이 있습니다. 이것은 PDP에서 플라스마상태를 만드는 전압이 높기 때문입니다.

앞으로 기술이 개발된다면 더 성능이 좋은 디스플레이를 가진 텔레비전이 나올 것입니다. 요즈음 한창 뜨고 있는 LED*Light Emitting Diode* 등 새로운 디스플레이시장이 주도하게 될 것입니다. 과거에 상상했던 기술이 생각보다 빠르게 현실화되고 있는 듯합니다. 시속 100km가 넘는 버스나 기차 안에서도 텔레비전을 보고, 주머니에 넣고 다니는 휴대폰에서도 텔레비전방송을 볼 수 있는 것이 바로 이 디스플레이 시장의 발달을 보여주는 것이라고 할 수 있습니다.

그러나 아직도 멀쩡한 우리 집의 텔레비전을 바꿀 마음은 여전히 일어나지 있습니다. 아무리 새롭고 좋은 것이 나와도 손때 묻은 내 것을 쉽게 버릴 수 없는 인간의 마음은 또 다른가 봅니다.

오늘도 최고의 날이 되십시오.

고무신과
운동화

제가 운동화를 신기 시작했던 것은 중학교에 입학하고부터입니다. 물론 60년대 초등학교를 다녔던 저로서는 당연히 고무신을 신었지요. 간혹 운동화를 신고 오는 친구들이 있긴 했지만 대부분 고무신을 신었습니다. 뛰어놀다 보면 쉽게 벗겨져서 발은 흙으로 더러워지고, 모래도 한 움큼 들어가서 늘 방을 어지럽혀 어머니께 꾸지람을 듣곤 했었지요. 무심천에 가서 고무신으로 송사리를 잡던 기억도 납니다. 올챙이도 잡아 미니 어항으로 썼던 생각도 나고요.

제 생각으로 고무신은 70년대까지는 있었던 것 같아요. 그 후에는 어렸을 때에도 거의 운동화를 신게 되었던 것 같습니다. 운동화도 옛날처럼 천에다 단순히 고무를 바닥에 붙인 것이 아니라 특수한 소재와 패션의 기능까지 갖추어 다양하게 나오게 되었습니다. 스니커즈*Sneakers*라고 해서 상표이름인 줄 알았더니 가벼우면서도 소리가 나지 않아 수요자들이 그렇게 별명을 붙였다고 합니다.

여기에 운동화의 품질을 획기적으로 높이게 된 것은 스포츠과학의 발달이 크게 역할을 한 것 같습니다. 과학적인 연구에 따라 육상, 축구, 농구, 골프 그리고 등산에 이르기까지 분야별 전문운동화가 나오게 되었고, 그중에는 굉장히 비싼 명품 운동화가 등장하기에 이르렀습니다.

우리나라의 자랑스러운 마라톤스타 이봉주 선수를 위하여 특별히 1억 원을 들여 전문마라톤화를 만들었다는 얘기가 자연스럽게 나올 정도입니다. 비단 마라톤뿐이겠습니까? 요즈음 인기 있는 유럽의 프로축구경기를 가끔 보게 되면 선수들이 신고 볼을 차는 축구화의 현란한 색에 눈이 가게 됩니다. 연봉이 수천억 원이 넘는다는 대스타 호날두 선수가 신는 그 축구화가 색만 튀게 만들었을까요. 그 기능도 또한 대단하리라 생각됩니다. 가격도 비싸겠지만 그 뒤에서 운동화 만드는 회사가 엄청난 투자를 하였겠지요.

고무신은 고무나무에서 나온 고무로 만든 것은 다 아실 겁니다. 11세기 멕시코에서 고무로 공을 만들어 사용한 것이 처음이라고 합니다. 이 고무를 1770년 프리스틀리라는 과학자가 지우개, 고무줄, 비옷, 고무신 등을 만들게 되면서 일반에게 보급되었다고 합니다.

우리나라는 볏짚으로 만든 짚신이 서민들에게 보편화되었고, 조금 나은 집에서는 질긴 삼으로 만든 미투리를 신어왔었습니다. 요즈음은 보기 어렵지만 얼마 전만 해도 상가에서 상주들은 부모 잃은 죄인이라 해서 삼으로 만든 상복에 짚신을 신도록 해서 빈소에 짚신을 두었던 기억이 납니다.

고무신이 우리나라에 들어온 것은 1920년경이라고 합니다. 그때부터 1970년대까지 50여 년 우리나라 서민들의 신발은 고무신이었습니다. 고무로 만든 만큼 색깔도 단조로워 검은 색, 하얀 색, 고동색 등 몇 가지 안 되었습니다. 검은 고무신 신은 일하는 남자와 하얀 고무신 신은 한복 입은 여자를 생각하실 수 있을 겁니다.

그러다가 이제는 기능성과 패션을 가진 운동화시장이 열려 그 가격과 구매층이 다양화되고 범위도 넓어졌습니다. 우리나라도 경제 개발과정에 신발산업이 큰 공헌을 하였습니다. 지금은 쇠퇴했습니다만 부산 지역을 중심으로 세계적인 경쟁력을 가졌던 산업이었습니다.

아직도 닳지 않은 운동화가 몇 켤레 있는 것 같은데도, 마음에 드는 운동화가 있다고 사줄 수 없느냐고 애교를 떠는 딸아이의 모습에 옛날 고무신을 신었던 초등학교 생각이 나서 적어보았습니다.

오늘도 최고의 날이 되십시오.

금연

저는 선천적으로 담배가 몸에 맞지 않아서인지 젊은 시절 잠시 담배를 입에 대었다가 끊어 버렸지만 10년 전 돌아가신 아버님은 아주 대단한 애연가이셨습니다. 돌아가신 후 유품 중 일기가 있어 살펴보니 새해를 맞아 새로운 각오를 다짐하는 내용이 있었는데 그중 하나가 금연에 대한 글이었습니다. 내용을 조금 소개해드리면 이렇습니다.

"담배야, 내 이제 너와 이별하려고 한다. 열여섯 살 때부터 슬플 때나 기쁠 때나 나와 함께 슬픔을 나누고 기쁨을 나누던 너! 그러나 이제 너와 과감히 이별하고자 하니 그리 서러워 마라…."

이 글을 쓰실 때의 연세가 여든 중반이셨던 것 같으니까 거의 70년을 넘게 아버님은 담배를 피우신 것 같습니다. 그러나 제가 알기로는 그것도 잠시, 결국 담배를 끊지 못하시고 다시 피우셨습니다.

그 후로도 몇 차례 금연을 시도하셨는데 그때마다 제가 피식 웃으면 "인석아, 내가 오래 살려고 이러는 줄 아냐. 죽을 때 죽더라도 건강하게 있다가 가려고 그러는 거지." 하고 변명 아닌 변명을 하셨습니다.

아마도 많은 분들이 새해를 맞아 다짐을 하는 것 중 제일 많은 것이 금연 아닌가 싶습니다. 그러나 성공하는 분들이 그렇게 많은 것 같지는 않습니다. 그만큼 금연이 쉬운 것이 아닙니다. 이렇게 끊고 싶어도 끊지 못하는 상태가 사실은 정신질환의 하나로 '의존증'이라고 불리고 있습니다. 이것은 담배 이외에도 술, 도박 그리고 최근에는 컴퓨터게임의존, 휴대전화의존, 쇼핑의존 등 종류가 많이 있습니다.

보통 의존은 처음부터 의존에 빠지는 것이 아니고 그 전에 단계가 있습니다. 그것은 '기분 좋음을 다시 한 번 맛보고 싶다.'라고 생각하는 것입니다. 이러한 기분은 의지만 강하다면 이겨낼 수 있다고 생각할 수 있습니다. 하지만 대부분 실패한다고 합니다. 이 분야의 전문가인 일본 정신의학종합연구소의 이케다 가즈타카 박사에 의하면, 기분 좋음을 추구하는 생각이 강한 것은 당연한 것으로 그러기 때문에 우리는 공부나 일이나 스포츠에 힘을 쏟는 것이라고 합니다.

주목해야 할 것은 노력에 의해서 얻어지는 기분 좋음이나 성취감이 아니라, 약물에 의하여 얻어지는 기분 좋음은 여러 가지 문제가 있다는 사실입니다. 의존증에 이르는 것은 기분 좋음을 다시 한 번

맛보고 싶다고 생각해 반복해서 사용한 결과인 경우가 많기에 본인
이 깨달았을 때는 이미 의존성물질을 섭취하는 일이 당연한 것이 되
어버리는 것입니다. 그 결과 뇌나 기능의 균형이 깨지게 되고, 있는
것이 당연하다고 기억하고 있어 물질이 없어지면 금단현상이 나타
나게 된다는 것입니다.

이러한 의존증을 고칠 수 있을까요? 이케다 박사는 특효약이 없다
고 합니다. 다만 의존증이 되기 쉬운 사람에 대해 생각이나 행동 패
턴을 수정하는 방법이 취해지고 있다고 합니다. 어떤 때에 그 물질
이 탐나게 되는가 등을 정리해 두고, 스스로 노력하는 일이 효과적이
라고 합니다. 역시 부단한 노력이 필요한 모양입니다.

술이나 담배 의존증에서 벗어나려는 사람을 돕기 위해 금주제禁酒
劑나 니코틴 패치 같은 것이 있다고 합니다. 금주제는 알코올 분해효
소의 작용을 억제하는 것인데 이것은 알코올을 분해시키지 않는 작
용을 하여 술을 전혀 못 마시는 사람같이 만드는 것입니다. 니코틴
패치는 니코틴을 포함한 패치를 피부에 붙이는 것으로 담배를 서서
히 줄여나가게 하는 것입니다.

그러나 무엇보다도 중요한 것은 사람의 마음이지요. 금연하려고
하시는 분께 제가 한마디 드리면, 오래 참으시다가 한순간에 무너지
지 마시라는 겁니다. 한 달 참았다가 친구들과 술 한 잔 나누다 그만
담배 한 대 피웠다고 그 이튿날, '어휴, 나는 역시 안 돼.' 하고 다시

피우시지 말고, 피운 날만 하루 제하고 '한 달 하루째 금연' 하는 식으로 계산해서 금연을 이어나가는 방법도 있습니다. 한 번의 실수로 오랜 인고의 시간을 뒤집어 버리는 우를 범하지 않으시길 바랍니다.

오늘도 최고의 날이 되십시오.

수타면

　이런 말씀드리면 '공처가'라고 하실지 모르지만 저는 부엌일에 관심이 많습니다. 사실은 식탐이 많아서 좋아하는 음식은 재료를 사다가 집에서 직접 해먹는 것을 좋아합니다. 그렇다고 요리 실력이 뛰어난 것은 아닙니다. 애들이 어리니까 주로 고기를 요리해 주면 잘 먹었던 것이고, 또 그렇게 해준 요리를 먹는 것을 보는 게 저로서는 좋았기 때문에 음식을 만들었을 뿐입니다.

　그렇게 여러 가지 요리를 할 처지는 아니고 서너 가지 아주 단순한 것을 해먹었는데, 제가 꼭 한번 해보고 싶었던 것은 수타면이었습니다. 내무부에서 근무하던 시절 자주 방문하던 수타면 중국집이 광화문에 있었습니다. 당시 수타면이 인기여서 주방을 확 터서 요리사가 직접 수타면을 만드는 것을 볼 수 있었습니다. 참 신기하더군요. 어떻게 밀가루 반죽을 저렇게 쳐서 가는 면발로 만드는지 볼수록 재미있고 흥미로워 저도 한번 해보고 싶은 생각이 들었지요.

어느 일요일 집에서 재료를 사다놓고 방바닥에는 신문지를 여러 장 펼쳐놓은 채 밀가루 반죽을 나름대로 열심히 도마에 두드려보았지만 될 리가 있나요. 반죽에서 떨어져나간 밀가루 덩이가 온통 사방으로 튀어 난리가 났습니다. 아내에게서 지청구를 듣고 아이들에게는 실망을 안겨준 볼품없는 신세가 되었지요.

수타면은 일찍이 중국에서 발달했다고 합니다. 양손으로 밀가루 반죽의 양끝을 잡고 길게 늘이다가 한 손으로 그 가운데를 잡고 다시 늘이는 과정을 반복하면 면발이 가늘어지게 됩니다. 세계에서 가장 가는 면발이라는 '롱쉬몐'은 열네 번 잡아당겨 1만 6384가닥(2^{14})의 면발을 뽑는다고 합니다. 이 놀라운 비결은 반죽할 때 물에 있다고 합니다. 수타면은 중국에서도 화북 지방에서 시작되었는데 이곳의 지하수는 수소이온농도$_{pH}$가 7이 넘는 알카리성을 띤다고 합니다. 알칼리는 밀가루 속 단백질인 '글루텐'에 특이한 변성을 일으키면서 반죽의 점성과 신축성을 높인다는 것입니다.

기계면이 이러한 수타면에 비해 식감이 떨어진다고 하는 이유는 기계로 면을 뽑거나 반죽을 할 때 물이 적게 들어가기 때문이라고 합니다. 수타면에 밀가루 양의 40~50% 정도의 물을 넣는다고 하면, 기계면은 30~35%를 넣는다고 합니다. 그 이상 넣게 되면 반죽이 질어서 롤러에 들러붙게 된다고 합니다. 물이 적어 뻑뻑한 상태에서 반죽을 눌러주면 탄력이 줄고 덜 쫄깃해집니다. 이를 해결하기 위하여 일부 공장에서는 물 대신 수증기를 뿌린다고 합니다. 고속으로 회전하면서 밀가루에 수증기를 뿌리는 공법을 사용하면 수분이 한곳에 집중되지 않고 고르게 밀가루 속으로 들어가게 된다는 것이지요.

또 진공상태에서 반죽하는 방법도 있다고 합니다. 진공에서는 공기방울이 빠져나가 밀가루와 물이 만나는 면적이 커져서 밀가루의 글루텐 조직이 더 치밀해진다고 합니다. 그래서 기계면이 더 맛있는 경우도 있다고 합니다. 냉면과 쫄면처럼 만들 때 높은 열과 강한 압력이 필요한 면의 경우는 기계가 없으면 만들기가 어렵다고 합니다.

어쨌거나 한번은 수타면으로 자장면을 만들어 보았으면 하는 소망은 아직도 가지고 있습니다. 아이들은 이젠 다 자라서 옛날처럼 아빠의 음식이 제일이라며 맛있게 먹을 것이라는 기대는 할 수 없지만, 아내에게는 한번 만들어 보여주고 싶은 생각입니다. 물론 아직도 자신은 없습니다.

오늘도 최고의 날이 되십시오.

라면
끓이기

　중학교 때로 기억하는데요. 작은 집엘 갔었는데 작은 어머니께서 국수를 삶아 주셨습니다. 바로 그 국수가 처음 보는 이상한 모양으로 면발이 꼬불꼬불하고 색깔도 우윳빛이었는데, 그 맛이 기가 막히게 맛있었습니다. 바로 라면이라는 것이었지요.

　그 시절에 집에서 삶아주던 국수는 솔직히 이상한 밀가루 냄새와 밋밋한 맛으로 별로 좋아하지 않았습니다. 그런데 라면은 어떻게 만들었는지는 모르겠지만 고소한 고기국물에 쫄깃쫄깃한 면발이 대단히 맛있었습니다.

　라면은 2차 세계대전이 끝난 후 일본에서 안도 모모후쿠라는 사람에 의해 발명되었다는데 원리는 사실 간단합니다. 밀가루로 만든 면을 기름에 튀겨 수분을 증발시키고, 이것을 다시 끓는 물에 넣으면 면발이 본래의 상태로 풀어져 먹기 좋게 만드는 것입니다. 최초의 라면은 1958년 8월 25일 만들어졌다고 합니다.

　우리나라는 이 일본라면의 기술을 도입하여 1963년 9월 15일 삼양라면이라는 이름으로 최초 판매되었다고 합니다. 지금은 국민 1인당 라면소비가 연간 75개로 세계 1위이고, 일본이 41개로 2위라고 하니 라면원조인 일본보다 우리나라가 더 즐기는 음식이 되었습니다.

　요즈음은 저도 라면을 먹는 일이 드물지만 대학 시절 이후 꽤 오랫동안 아주 간편하게 즐겨먹은 간식 중 하나였습니다. 그리고 라면을 끓이는 방법도 저 나름의 방식을 개발하여 집에서 아이들에게도 많이 끓여주었던 기억이 생생합니다.

　라면에 관해서는 모든 사람들이 저마다 자신 있게 끓이는 방법이 있고, 또 자신의 라면이 제일 맛있다고 우기는 일도 비일비재합니다. 저도 친구들과 라면 끓이는 방법과 맛있게 먹는 방법에 대하여 설전을 주고받은 경우가 종종 있었지요. 그중 가장 많이 엇갈리는 의견이 면발이 먼저냐, 스프가 먼저냐입니다. 어떤 경우에는 동시에 넣는 것도 있습니다. 어떤 것이 제일 맛이 있을까요?

　과학잡지 'POPULAR SCIENCE' 2009년 4월호에 이에 대한 기사가 있어 소개해 드립니다.

　라면을 끓일 때 면발을 먼저 넣느냐, 스프를 먼저 넣느냐 하는 문제는 넣는 순서에 따라 맛이 달라지는데 과학적인 근거가 있다는 것입니다. 맛있는 라면은 면발이 불지 않으면서 적절히 익어야 하고, 면발에 스프의 맛이 적당히 배며 국물도 너무 짜거나 싱겁지 않아야 합니다.

이중에서 면발의 익은 정도는 온도와 조리시간과 관계가 있는데, 끓는 물의 온도가 순수한 물이면 100℃에서 끓지만 불순물이 들어가면 100℃보다 훨씬 높은 온도에서 끓는다고 합니다. 그래서 물에 다른 물질이 많이 녹아 있을수록 더 높은 온도에서 끓고, 이때 면발을 넣으면 빨리 익게 된다는 것이지요. 이처럼 용액의 농도에 따라 끓는점이 상승하는 것을 '끓는점 오름 현상'이라고 한답니다.

결론적으로 스프를 먼저 넣은 뒤 끓는 점이 훨씬 높은 온도의 국물에 면발을 넣어 조리하는 라면이 더 맛있다는 이야기가 되겠습니다. 물론 각자가 느끼는 미각에 따라 동의하지 않으시는 분도 있을 것입니다. 인터넷 구글에서 '라면 맛있게 끓이는 방법'이라고 찾아보니 무려 백만 개에 가까운 검색 결과가 나오더군요. 결국 자신이 가장 맛있다고 느낀다는 그 방식이 최고의 라면 끓이기 아닐까요.

오늘도 최고의 날이 되십시오.

4장

삶을 살찌우다

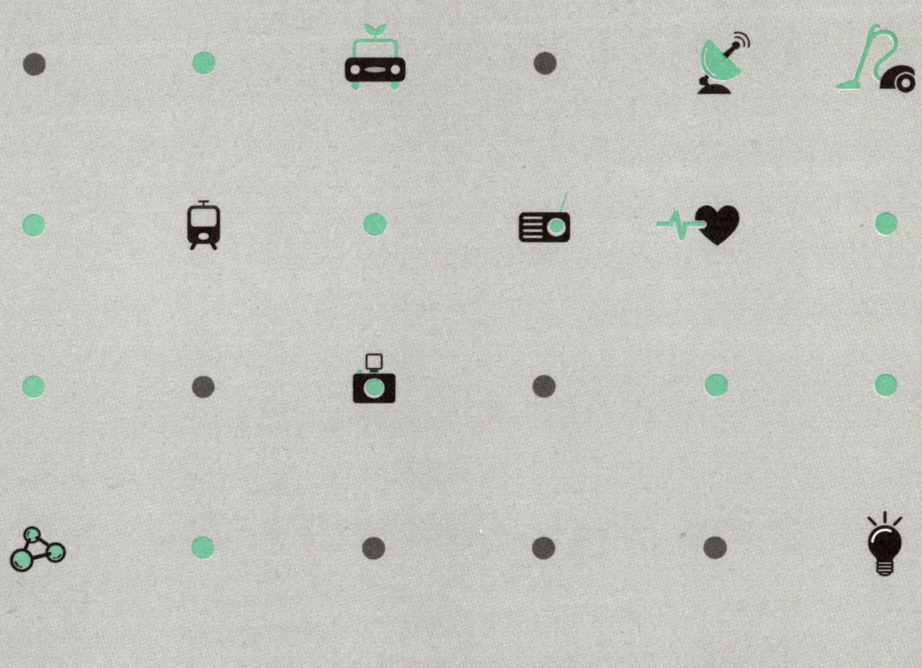

나는 과학에 위대한 아름다움이 있다고 생각하는 사람이다.
연구실 과학자는 단순한 기술자가 아니라 마치 동화처럼
자신에게 감명을 주는 자연 현상 앞에 선 어린 아이이기도 하다.
– 마리 퀴리

종종 과학이야말로 철학의 본질이 아닌가 하는 생각을 합니다. 다른 인문학 역시 마찬가지겠으나 과학만큼 진리를 추구하는 학문도 드물기 때문입니다. 과학에 의해 새롭게 밝혀지는 이 세상의 신비가 우리의 삶을 살찌우고 풍요롭게 합니다. 그것이 21세기 대한민국이 과학에 매진해야 하는 까닭입니다.

안경 벗은
이야기

저는 중학교 1학년 때부터 안경을 썼습니다. 뭐 특별히 공부를 열심히 했다기보다는 당시의 최고 오락인 만화책을 지독히 좋아했던 탓이 아닌가 싶습니다. 그러다가 2008년 5월부터 안경을 벗을 수 있게 되었습니다. 따져보니 무려 43년이나 안경을 썼더군요. 중학교 때, 얼마나 장난이 심한 나이입니까? 잡고, 뛰고, 뺏고, 숨기고 하는 장난 덕에 안경이 성할 날이 없었지요. 안경알이 깨지고 다리가 부러지는 일이 허다하여 어머니께 꾸중도 많이 듣고, 없는 살림에 안경 살 돈까지 마련하도록 해 죄송스럽기 짝이 없었습니다.

그때 처음 산 안경 값이 500원이었던 것으로 기억합니다. 지금도 성안길 입구에 자리 잡고 있는 광명당 안경점에서 처음 구입했었지요. 이제는 안경 값도 비싼 것은 몇 십만 원 하더군요. 하기야 40년이 넘었으니까요.

눈이야 아주 중요한 신체기관이라 안경도 오래 쓰게 되면 신체의 하나가 되지요. 그렇지만 오래 써본 사람은 다 같이 느끼겠지만 이것 참 보통 불편한 게 아닙니다. 목욕탕에 들어갈 때나 겨울날 바깥에 있다가 실내에 들어오는 경우 안경에 뿌옇게 김이 서리는 바람에 제대로 앞을 보지 못하지요, 바람이 세게 불어올 때나 비가 올 때 좋을 것 같아도 오히려 더 앞을 가려 불편합니다.

누워서 TV볼 때도 아주 불편합니다. 진짜로 힘든 건 하루 종일 얼굴에 안경을 올려놓다 보면 콧등에 자국도 나고 귀도 아프고 심지어는 관자놀이를 압박하는 바람에 이따금 두통을 앓기도 합니다. 저는 얼굴면적이 넓어서 안경다리가 벌어지게 되니까 늘 안경이 콧잔등을 타고 내려옵니다. 그래서 눈을 치켜뜨는 버릇과 안경을 손으로 올리는 버릇마저 생겼지요. 다른 건 다 괜찮은데 눈 치켜뜨는 버릇은 아주 고약하다고 아내에게 여러 번 지적을 당하곤 했습니다.

이렇듯 안경이 주는 불편으로 고민을 하던 2007년, 지방행정공제회에서 지방공무원 복지를 위한 사업으로 어느 안과병원과 협약을 맺어 좋은 조건으로 '라식수술'을 시술할 수 있도록 한다는 얘길 들었습니다. 생각 끝에 한번 찾아가서 검사를 받아 보았습니다. 우선 나이에 걸려 퇴짜 맞았습니다.

알고 보니 시력교정수술은 라식*Lasik*과 라섹*Lasek*이 있는데 둘 다 각막을 깎는 수술입니다. 라식은 각막 안쪽을, 라섹은 각막 바깥쪽을 깎는 수술이라는데 조금의 차이가 있는 모양입니다. 문제는 나이가 40세 이하이여야 하고 안구건조증상이 없어야 한다는 등의 제한 요건이 있더군요. 이 글을 읽으시는 분 중에 시력교정수술을 생각하시는 분이 있다면 우선적으로 나이가 기준이 됨을 유념하십시오.

그러던 제가 안경을 벗게 된 것은 생각지도 않았던 백내장이 찾아왔기 때문입니다. 참 저도 많은 병치레를 했습니다만 백내장까지는 생각도 못했었지요. 갑자기 왼쪽 눈이 뿌옇게 안개 낀 것처럼 보여 한동안 안경알 탓만 하면서 물로도 닦아보고, 아주 좋은 천으로 닦아도 뿌옇게 보이는 겁니다. 결국 충북대병원을 찾아가 진료를 받았습니다.

나중에 알았습니다만 안과 분야에서 명성이 대단히 높으신 형성민 교수님께서 간단히 진료를 하시더니 백내장이 왔다고 하시더군요. 그러면서 안과에서는 간단한 수술이니 집에서 가까운 병원에 가서 수술하는 게 좋다고 권하더군요. 사실 제가 용암동에 살고 있기에 충북대병원이 그리 멀지 않아 그대로 수술을 받았습니다.

수술 전에는 눈에 칼을 대는 것이니까 은근히 겁이 나기도 했습니다. 막상 수술은 40분 정도의 간단한 수술이었습니다. 그러나 수술하시는 형 교수님은 그런 일을 그날만 10건 정도 해야 하셨으니 그렇게 간단한 것이 아닌, 대단한 고생이셨을 겁니다.

수술 후 서너 시간 정도 지나지 않아 퇴원을 했으니 회복시간도 그
리 길지 않더군요. 오후 4시쯤 집에 돌아올 수 있었습니다. 주의사항
은 눈에 당분간 물이 들어가면 안 되니까 세수하고 머리 감는 것을
신경 쓰면 되는 비교적 간단한 일이었습니다.

그런데 놀라운 일을 겪게 되었습니다. 소위 바이오엑스포 사무총
장으로 일하면서 현대의학을 알게 되었다는 사람으로서는 어찌 보
면 부끄러운 고백이기도 하고요. 백내장 수술이 무엇인지를 전혀 몰
랐기 때문입니다. 집에 와서 거실에 누워 무심코 TV를 보는데 글쎄
화면 밑의 자막글씨가 선명히 보이더군요. 그래서 내가 지금 안경을
쓰고 있나 하고 얼굴을 만지니까 안경이 없었습니다.
　'이게 어찌된 일이지?'

나중에 알고 보니 혼탁해진 수정체를 빼내고 인공수정체를 넣으
면서 교정렌즈를 넣은 거더라고요. 백내장 수술을 받은 왼쪽 눈의
시력이 1.0 정도로 회복되어 있었습니다. 그러니까 멀리 볼 때는 왼
쪽 눈, 가까이 볼 때는 아직도 근시인 오른쪽 눈을 쓰게 되니 사실상
안경이 필요 없게 된 것입니다. 거의 50년 가까이 써야했던 안경을
벗게 된 해방감을 어떻게 설명할까요. 정말 너무 행복합니다.

요즈음 부러워하는 제 친구들에게 한술 더 떠서 말합니다. 이제
인공수정체에 IT칩을 접목시키면 우리가 옛날부터 보아왔던 공상과
학영화인 '600만 불의 사나이' '터미네이터', '로보캅'과 같이 망원경

도 되고 신분도 알아볼 수 있는 다목적 눈을 가질 수도 있을 거라고요. BT와 IT결합의 산 증인으로 현재 살고 있으니 미래과학을 더 연구하는 일이 당연하다고 느낍니다.

오늘도 최고의 날이 되십시오.

＊ 사족 : 솔직히 고백하면 경우에 따라 3개의 안경이 필요합니다. 이게 왼쪽 눈이 원시라서 일정거리 이내는 잘 안 보이고, 오른쪽 눈은 근시라서 일정거리 이상은 잘 안 보이는 사각지대가 있더군요. 컴퓨터가 대표적입니다. 그리고 운전할 때 너무 왼쪽 눈만 쓰게 되는 경우와 책 읽을 때 오른쪽 눈만 쓰게 되어 각각 그에 맞는 안경이 있어야 합니다. 하지만 일상생활에서는 안경을 벗고 생활할 수 있습니다.

인생삼만육천일人生三萬六千日

예전에 제사를 지낼 때 지방을 붙이던 병풍의 글이 생각납니다. 바로 '인생삼만육천일'이란 글귀입니다. 그렇지요. 1년이 365일이니까 10년이면 3,650일이요, 100년이면 36,500일이니까 36,000일도 따지고 보면 무척 장수하는 것으로 그렇게 사는 것이 쉬운 일이 아닐 겁니다. 이렇게 따지면 하루하루가 대단히 소중하고 의미가 있는 것이지요.

그래서일까요? 박재삼 시인은 일기 날짜를 19XX년 ○월 ○일이라고 하지 않고, 태어난 지 제 ○○○○일 이런 식으로 적었다고 합니다. 저도 그 이야기를 듣고 일기를 써보다가 금방 그만두긴 했지만 요즘도 가끔은 제가 태어난 날수는 헤아려 봅니다. 핸드폰에서 날짜마법사나 D-Day를 이용하여 아주 쉽게 계산이 되니 무척 편리하더군요. 오늘은 제가 태어난 지 20,744일 되는 날입니다.

왜 이걸 따져 보느냐면 사람이 태어나서 100일이 되면 잔치를 해주지 않습니까. 이젠 사람으로 태어났다는 것을 공식적으로 인정해주는 것이지요. 당시만 해도 영아사망률이 높았기 때문에 적어도 100일은 지나야 살 수 있다고 본 것이겠지요. 그런데 365일이 지나 맞는 돌잔치는 1년이 지났다는 의미 이외에는 잘 모르겠습니다.

하지만 1,000일이 되면 다릅니다. 만 3년이 조금 못 미쳐도 걷고, 뛰고, 말하는 게 이젠 제법 한 명의 사람으로서 역할을 하게 됩니다. 물론 부모님 품안에서의 어린아이지만요. 저는 큰 아들에게는 미처 못해주었는데 둘째, 셋째 딸애에게는 1,000일 기념잔치랍시고 케이크를 사다가 축하해주었지요. 별난 아빠 노릇도 했습니다.

10,000일이 되면 28세가 넘습니다. 이 시기가 책임 있는 사회구성원으로 출발하는 시점이라고 생각합니다. 남자들은 군대 갔다 와 취직을 하는 시기이고, 여자들은 결혼하여 아이를 하나둘 낳는 나이이기 때문입니다. 요즈음 다소 늦어지는 경향이지만 대개 이 시기 전후입니다.

20,000일은 57세 정도 됩니다. 어느덧 열심히 다닌 직장에서 꽤 높은 직책에 오르거나 열심히 일군 사업체가 꽃을 피우고 열매를 맺는 시기로 자식을 결혼시키거나 노쇠한 부모님이 세상을 뜨게 되는 때입니다. 30,000일은 84세 정도로 인생을 정리하게 되는, 황혼기입니다.

이렇게 따지면 소위 아홉수는 없게 됩니다. 혼기가 넘치는 스물아홉 살은 기껏 10,300일 정도이고, 서른아홉 살도 13,000일에 불과합니다. 마흔아홉 살도 16,000일이라고 보면 큰 의미가 없습니다. 내가 벌써 마흔이야, 내가 낼이면 쉰이 되나, 이런 부질없는 생각보다 '아직 20,000일의 반도 못 살았구나' 하는 긍정과 도전의 인생을 생각하는 것이 필요합니다.

더구나 보건복지부에서 발표한 통계를 보면, 우리나라 평균수명이 2006년 기준으로 OECD국가의 평균수명을 넘어섰다고 합니다. 우리의 평균수명이 79.1세인데 OECD의 78.9세보다 0.2세 늘어났다고 합니다. 최장수국가인 일본의 82.4세에 3.5세 차로 따라 붙었다고 합니다.

평균수명이란 0세인 사람의 평균 남은 수명을 말하는 것이니까, 79.1세란 것은 대한민국의 성인들은 무난히 80세를 넘기게 된다는 것입니다. 무난히 인생삼만육천일을 누리게 된다는 말입니다.

1960년대 53세, 1980년대 65.9세, 1990년대 71.3세에서 2001년 76.4세, 2002년 77세, 2003년 77.4세, 2004년 78세, 2005년 78.5세로 2000년대 들어서서는 한 해에 반년씩 수명이 늘어나게 되었습니다. 60년대에서 80년대까지 60정도의 평균수명일 당시에야 환갑잔치가 자연스러웠지만 지금은 누가 환갑을 장수의 상징으로 보나요. 그래서 드는 생각이지만 자녀들이 조금 늦게 결혼한다고 걱정을 많이 하시지 않아도 된다고 봅니다.

옛날 60세 정도에 세상을 뜨게 될 때는 마흔에 가깝거나 넘은 자식이 있어야 마음이 놓였겠지만 지금처럼 90이나 100살이 넘어 세상을 뜨게 되면 자식들도 70, 80이 넘은 노인들이 될 테니 차라리 늦게 낳아 50, 60정도의 자식이 상주 노릇하는 것이 마음 편할지도 모릅니다.

여하튼 지금과 같은 추세라면 평균수명 120세가 꿈으로만 그치지는 않을지 모릅니다. 그러면 인생의 의미를 어떻게 정리하여 살아가야 할지 모르겠습니다. 인생사만삼천일이 되는데 과연 어떻게 정리해야 할까요. 한번 오늘 날짜로 살아온 날수를 계산해보시고 생각해보시지요.

오늘도 최고의 날이 되십시오.

전자파
−알 수 없는 유해론

제가 가지고 다니는 휴대폰은 지금은 생산을 하지 않는 아주 조그마한 모델입니다. 왜 작은 휴대폰을 구입했느냐면 주머니에 넣고 다니기가 편해서입니다. 가뜩이나 뚱뚱보인 저로서는 주머니가 툭 튀어 나온 모습을 하면 우습기도 하고, 공연히 불편한 느낌이 들어서입니다.

이 휴대폰은 지금은 많이 없어졌지만 바지의 라이터주머니에 넣고 다니면 편합니다. 사실 그보다 Y셔츠나 T셔츠 주머니에 넣고 다니면 더 편리할 테지요. 그런데 거기에 넣고 다니면 휴대폰에서 우리 몸에 아주 유해한 전자파가 나와 암 같은 질병을 유발하거나 심장에 문제를 일으킨다는 소리에 되도록 바지에 넣으려는 습성이 몸에 배었습니다. 그렇다면 우리가 당연하게 생각하는 전자파의 유해성은 도대체 어느 정도일까요?

소금을 예로 들겠습니다. 소금은 우리 삶과 건강에 꼭 필요하지만 무조건 좋기만 한 것은 아니죠. 너무 많이 섭취하게 되면 건강을 해치게 됩니다. 이런 경우처럼 우리 인생에서 이익과 위험이 공존하는 영역에서 반드시 선택을 해야만 하는 순간이 오는데 그런 경우 충분한 과학상식과 합리적인 사고방식이 있어야 합니다.

휴대폰의 마이크로파나 가전제품의 초저주파와 같은 전자파의 경우도 예외가 아닙니다. 전자파가 우리 몸에 해로울 수 있으나 지나치게 강한 전자파가 문제이지 휴대폰이나 가전제품에서 나오는 전자파 정도는 우리 몸이 이겨낼 수 있다는 것입니다. 이것은 전문가들의 일반적인 견해라고 합니다. 자기장이 인체의 신경계에 전류를 발생시킬 가능성이 있다고 하지만 고압송전선이나 가전제품에서 나오는 자기장의 세기는 심각할 정도로 세지는 않다고 합니다.

미국의 과학기술원, 국립암연구소, 물리학회에서 확인한 결론이며 영국, 프랑스, 일본 등 선진국에서도 똑같이 확인을 한 결론이라고 합니다. 물론 전자파가 절대적으로 인체에 안전하다는 증거를 찾은 것은 아니라는 것입니다. 문제는 그러한 무해와 유해의 판단을 위하여 합리적 과학상식이 뒷받침 되어야 한다는 것이죠. 무조건 유해하다는 부분만 과장되어 이야기 되는 것이 문제라는 것입니다.

제가 요즈음 읽고 있는 서강대 이덕환 교수님의 '과학세상'에서 보면 이 전자파의 유해가능성은 1976년 정보국을 출입하던 '폴 브로더'

라는 미국 기자에 의하여 처음 제기되었다고 합니다. 미국은 1991
년 법도 제정하고 안전성 확인을 위하여 250억 달러를 투자해야 했
답니다. 정작 유해가능성을 제기했던 그 기자는 강연비와 원고료로
백만장자가 되어 이제는 은퇴하여 여유 있는 생활을 즐기고 있다는
겁니다.

우리에게 해가 될 수 있는 것은 정확하게 파악해 적절한 대책을 세
워야 합니다. 그러나 우리 주변에서 모든 위험요인을 완전히 없앨
수는 없는 것이지요. 그런 상황 속에서 위험을 최소화해 나가는 게
방법이지 무조건 사용을 하지 말라는 식의 확인되지 않은 선동적 방
식은 문제가 있다고 생각합니다. 전자파가 무섭다고 휴대폰을 쓰지
않거나 가전제품을 집에서 쓰지 않을 수는 없지 않겠습니까?

오늘도 최고의 날이 되십시오.

그녀에게서 멀어지기 *Away from her*

영화 이야기를 하나 드리겠습니다. 얼마 전에 본 영화인데 알츠하이머에 걸린 부부의 이야기였습니다. 마치 제 이야기라도 되는 것처럼 몰입해서 감상했습니다. 아주 어린 시절에 본 '닥터 지바고'의 여주인공이었던 '줄리 크리스티'가 알츠하이머에 걸린 부인으로 나오는데 여전히 매력적이고 멋있더군요. 지난 해 아카데미 여우주연상이 유력했지만 수상은 못했더군요.

내용을 간략히 말씀드리면 이렇습니다. 44년 동안 해로한 그랜트('고든 핀센트'라는 배우로 중후함이 인상적이었습니다)와 피오나(줄리 크리스티)에게 뜻하지 않은 불행이 찾아옵니다. 아내 피오나가 알츠하이머에 걸린 것입니다. 피오나는 자진해서 요양원에 입원하겠다고 그랜트에게 말합니다. 고민하던 그랜트는 결국 아내 피오나의 결정을 받아들이게 됩니다. 그래서 요양원에 입원시키는데 기억을 잃은 피오나가 거기에서 다른 남자와 사랑에 빠지게 되고, 정작 남편 그랜트를 잊어가게 되는 겁니다. 아무리 애를 써도 아내의 기억이 돌아오지 않게 되어 그 남자를 억지로 떼어놓기도 하지만 병세는 더 악화됩니다. 더 이상 다른 방법이 없음을 깨달은 그랜트는 아내 피오나에게 그 남자를 다시 데려다주고 자신은 그녀에게서 멀리 떨어지려고 하는 것이 마지막 장면이었습니다.

알츠하이머*Alzheimer*는 퇴행성뇌질환으로 노화의 과정 속에서 뇌 조직이 기능을 잃으면서 정신기능이 쇠퇴하는 병이라고 합니다. 아마도 많은 분들이 알츠하이머에 걸린 어른들을 모시느라 고생하셨을 겁니다.

우리 몸에서 뇌는 말할 것도 없이 아주 중요한 부분입니다. 뇌의 무게는 체중의 약 2.5%에 불과하지만 혈액은 20%에 이르고, 1분에 약 800ℓ의 혈액이 뇌에 흐른다고 하니 엄청납니다. 다른 장기는 이식을 할 수 있지만 뇌의 경우는 불가능합니다. 공상소설이나 영화에서는 가능할 수 있겠지만 수많은 신경세포와 그 세포 간의 네트워크로 연결된 뇌의 경우는 사실상 이식이 불가능하다고 합니다. 인간이 죽을 때까지 써도 뇌 기능의 5%도 쓰지 못한다고 하니 뇌의 세계는 정말 무궁무진합니다.

그런 까닭에 뇌에 이상이 생기면 그 어떤 장애보다도 힘들게 됩니다. 다른 부분은 멀쩡한데도 의식이 없는 식물인간이 되거나 뇌졸중에 걸려 오랜 시간 누워 있게 된다면 가족들에게 큰 부담을 주어 얼마나 불행입니까?

정부에서는 지난 2003년부터 2013년까지 국가 프론티어사업의 하나로 뇌에 대한 연구를 위하여 1,100억 원을 투입하고, 민간부문에서도 250억 원을 투입하는 사업을 진행했습니다. 이 사업을 통하여 뇌유전체의 기능연구, 뇌기능의 항진과 뇌질환을 치료하기 위한 물질을 개발하고자 한 것입니다. 이를 통해 가시적인 성과를 얻고 많은 이들이 알츠하이머에 대한 치료가 가능할 수 있다는 희망을 갖게 되었다고 합니다.

그때까지는 배우자와 가족의 사랑이 절대적으로 필요하겠지요. 44년이나 함께 살아온 아내를 위하여 자기가 멀어지고, 다른 남자를 데려다 주는 그랜트의 사랑은 그 어떤 사랑보다도 지극한 사랑 아닐까요. 끝내 저는 눈물이 나오더군요. 애절한 러브스토리를 느끼고 싶으신 분께 이 영화 '강추'입니다.

오늘도 최고의 날이 되십시오.

류귀현 총재의
어머니

    지난 일요일 류귀현 총재의 어머니 빈소에 다녀왔습니다. 류귀현 총재는 로타리맨으로 30여 년간 활동하셨고, 얼마 전에는 충북지역 총재를 맡으셨지요. 현재 화물트럭터미널 대표로 일을 하시면서 시와 수필 그리고 그림도 그리시는 한편 소문난 애주가로 풍류를 즐기시는, 이 지역의 멋쟁이 노신사로 알려진 분이기도 합니다.

    올해 우리나이로 일흔두 살이 되셨는데 저와의 인연이 제법 오래 됩니다. 기억을 더듬어보자면 류 총재께서 아마 군 제대를 하고 직장을 찾는 중에 저와 만난 것 같습니다. 당시 주성초등학교 6학년이던 저와 몇 친구들이 류 총재에게 과외를 받은 것이 그 시작이었습니다. 말하자면 사제지간인 셈입니다.

    중학교 진학 이후 소식이 끊겼고 지난 2001년 내무부에 있다가 충북도청으로 와서 바이오엑스포 사무총장 일을 맡게 되면서 다시 만나게 되었습니다. 자주 자리를 함께하지는 못하지만 뵐 때마다 늘

"

원기왕성하게 일하면서도 삶의 여유를 즐기시고 계십니다.

특히 존경스러운 점은 어머니에 대한 지극한 효심이었습니다. 어머니께서 스물다섯에 류 총재를 낳으셨다니 올해 아흔 일곱이신 셈이죠. 어머니에 대한 정성은 류 총재께서 쓰신 시에도 절절히 드러납니다. 아흔 넘은 나이에도 늘 쪽빛머리 단정히 빗으시고 절대 흐트러짐 없는 모습에서부터 말씀 하나 행동거지 하나 어긋남 없이 사시는 모습을 표현하실 때 느낄 수 있었습니다.

그런 어머니께서 편찮으시다는 말씀도 못 들었는데 갑자기 돌아가셨다는 소식에 무척 놀랐습니다. 그러나 더 놀란 것은 스스로 살 만큼 살아 더 이상 자식들의 짐이 되지 않겠다고 하시면서 곡기를 끊고 돌아가셨다는 말씀이었습니다. 아니, 그렇게 지극정성인 칠십 노구의 자식들이 얼마나 곡기를 드시라고 애원을 했을 텐데…. 그것을 마다하고 두 달 동안 병원에서 링거로 이어오다 결국 어머니 뜻에 따라 집으로 와서 열흘 만에 세상을 뜨셨다는 겁니다.
어머니! 자식에 대한 지극한 사랑, 그것을 무엇이라 말할 수 있을까요.

동아일보 정성희 논설위원의 '횡설수설'에서 흥미로운 글을 보았습니다. 생물의 암수 구별은 염색체 중 X, Y염색체로 하는데 Y염색체가 시들해져 결국 없어질 가능성이 있다는 것입니다. 여성을 결정하는 X염색체는 1890년 독일의 헤르만 헹킹*Hermann Henking*이 발견하였고, 남성을 결정하는 Y염색체는 1905년 미국의 여성 생물학자인 네티 스티븐스_Nettie Stevens_가 찾았다고 합니다. 여성염색체는 남자가, 남성염색체는 여자가 찾아낸 것이 재미있지요.

그런데 원래 이 염색체들은 같은 모양의 염색체로 있다가, Y염색체가 성별 유전자를 갖게 되면서 분리가 되었다고 합니다. 그러나 분리된 이후 Y염색체는 다른 염색체와 공존이 불가능하여 점점 위축되어 가고 크기도 줄어들고 있다 합니다. 유전자 수도 80여 개에 불과하여 결국 1,000여 년 뒤에는 사라질 가능성이 있다는 것입니다.

이에 비하여 X염색체는 다른 염색체와 공존이 가능하고, XX형태로 존재하므로 X염색체 하나가 고장이 나도 다른 X염색체가 대신할 수 있어 남성보다 회복이 빠르고 장수할 수 있다는 것입니다.

결국 Y염색체는 X염색체의 퇴화된 유전자로 단순히 성性의 일부를 결정할 뿐이고, X염색체는 성性의 결정뿐 아니라 많은 남성적 기능과 생존을 담당한다고 합니다. 이런 현상을 남성의 여성화로 설명하는 것은 아니라고 하지만 생물학적으로 여성의 우성優性을 말해준다고 볼 수 있을 것입니다. 아흔일곱 생애의 마무리를 평생 사신 대로 깨끗하게 마감하신 류 총재 어머니의 명복을 빌면서 여성에 대한 인식을 새롭게 해보았습니다.

오늘도 최고의 날이 되십시오.

해수욕과 화상

저는 애를 셋 두었습니다. 저출산 고령화사회에 접어든 우리나라의 시책에 호응하는 것처럼 보이겠지만 사실은 애 욕심이 많아서 늦둥이로 나이 마흔에 딸을 하나 더 가졌지요. 맨 위의 애가 아들이니까 아들 낳으려고 더 낳은 것은 아니니 오해하지는 마십시오.

이 아이가 중학교에 들어가던 해 여름휴가로 강릉 경포대를 다녀왔습니다. 조금 고지식하다고 핀잔을 받는 저에게 솔직히 해수욕장으로의 휴가는 처음이었습니다. 더우면 물에 들어가고 싫증이 나면 파라솔 그늘 안에 들어와 수박을 먹거나 책을 보며 지내면 되지 하는 가벼운 생각으로 떠났습니다. 사실 물 좋은 생선회에 소주 한잔 생각도 간절하긴 했습니다.

휴가 일정은 3박4일로 제법 여유가 있었습니다. 첫날, 막내는 종일 물속에 들어가 나올 생각을 하지 않았고 저는 가지고 간 추리소설에 머리를 박고 파라솔 그늘에서 책을 읽었습니다. 책을 읽다가 더워지면 옷 입은 채로 풍덩 물속에 들어갔다가 나오기를 반복하며 한나절을 잘 보냈지요. 그리고 해가 넘어간 저녁 바닷가 식당을 찾아가 신선하고도 푸짐한 저녁을 즐겼습니다.

해가 진 후 숙소로 돌아와 TV를 보다 피곤해서 잠이 들었습니다. 그런데 얼마 가지 않아 잠을 못 이룰 정도로 온몸이 따가워지는 것이었습니다. 더워서 그런가 하고 부채질도 하곤 했는데 냉방이 잘되는 숙소라 더위 때문은 아니었지요. 가만 보니 딸아이도 얼굴이 빨갛게 되어 잠을 못 자고 괴로워하는 것이었습니다.

참 못난 애비였습니다. 여름 한낮의 햇볕에 타서 생긴 화상이었던 것인데 그걸 몰랐던 겁니다. 더욱이 그에 대한 상식을 갖고 치료를 해야 했는데도 도무지 기초적인 대응조차 하질 못하고 괴로워하면서 밤을 샜지요. 이튿날 약국에 가서 참 한심한 사람이라는 눈총을 받으며 약을 사고 알로에를 구해 계속 화상 부위에 응급처치를 했지만 고통은 엄청나게 오래가더군요. 우리 막내 얼굴은 어찌 그리 통통 부었는지 보기가 딱했습니다.

그때 알게 된 화상의 응급처치는 화상 부위의 열을 빼는 것이었습니다. 밤새 욕실에서 찬물로 식혔더라면 고생이 덜 했을 텐데 참 미련했습니다. 자료를 보니 1도에서 3도까지의 화상을 입은 경우, 무조건 찬물로 화상의 열을 빼는 것이 중요하다고 합니다. 그리고 2도 이상의 화상은 즉시 병원으로 가서 적절한 치료를 받아야 합니다. 화상은 생명을 잃거나 상처로 인한 고통도 있지만 피부 손상으로 인한 마음의 상처도 커서 정상생활이 불가능할 정도입니다.

화상치료의 경우 전통적인 방법으로는 상처가 어느 정도 시간이 지난 뒤 피부이식을 하는 것이었지만, 현재는 가급적 빠른 시간 내에 '자기절제와 피부이식'을 실시한다고 합니다. 물론 지금의 의술로도 화상흉터의 치료는 완전하질 않습니다. 그러나 레이저를 이용하여 피부 깊숙한 곳의 조직을 활성화시키는 치료법이 많이 개발되어 예전보다는 많이 좋아졌다고 합니다. 프락셀레이저, 어펌레이저, G빔레이저, V빔레이저 등 종류도 많더군요.

생명의 문제가 걸린 중화상환자의 경우에 50% 이상의 피부가 손상되면 이식할 수가 없어 사망하게 되는데, 지금은 자기피부를 10원짜리 동전만큼 떼어내 3주정도 배양하면 전신을 커버할 정도의 피부를 재생시킬 수 있어 치료가 가능한 정도까지 와 있다고 합니다. 바로 바이오치료라 하겠지요.

선진국의 경우 사체피부를 이식하는 경우도 있고, 장기의 하나로 피부까지 기증받아 피부은행을 운영하여 필요한 경우 치료에 활용하기도 한다고 하는데 우리나라는 아직 거기까지 가질 못했다고 합니다. 특히 피부이식에는 거부반응 문제로 패혈증 등의 부작용이 많은데 유전적 형질이 같은 경우 효과가 크다고 합니다. 그러니까 장

기기증의 하나로 사체피부도 조금 기증받아 피부은행을 운영하는
것도 필요하다고 생각합니다.

오늘도 최고의 날이 되십시오.

화장실
이야기

제가 행정고시 공부를 할 때 멀리 충북 단양에 있는 도락산 광덕사라는 절에 있었던 적이 있었습니다. 찻길에서 걸어 서너 시간을 올라가야 하는 곳이라서 모든 것을 자급자족해야 했던 절이었습니다. 쌀은 몇 년에 한번 벌어지는 벌목 시기에 들여온 묵은쌀이라 오래 물에 담가야 했고, 모든 부식은 그곳에서 경작을 해 먹어야 했습니다.

가장 적응에 어려웠던 것은 먹는 것보다 배설을 해결하는 일이었습니다. 남자니까 작은 볼일은 그런대로 해결할 수 있었으나 큰 볼일이 문제였습니다. 경작을 직접 하는 곳이니 거름이 귀한 만큼 사람의 배설물도 그냥 버리지 않았습니다. 한곳에 모아 놓아야 하기에 볼일을 보고 나면 용변에 재를 덮어 고물개로 쓸어 보내는 일이 쉽지가 않았습니다. 시간이 꽤 걸려서야 간신히 익숙해지게 되었지요. 어떻게 생각하면 참으로 친환경적인 화장실이었는데 말입니다.

2009년 8월 국립공원관리공단에서 전국 18개 국립공원에 시범적으로 34개동에 138개의 비데를 설치한다는 뉴스를 보았습니다. 알아보니 전국 국립공원에 379개동의 화장실이 있는데 그중 310개동은 수세식, 69개동은 재래식인데 수세식 화장실에 일부 설치한다고 합니다. 세계에서도 공공장소, 그중에도 관리가 어려운 공원에는 비데를 설치한 곳이 없다고 합니다.

수세식 화장실은 기원전 2000년경에도 설치된 흔적을 발견한 것으로 보아 역사가 꽤 오래되었지만 실제는 도시화가 시작된 18세기 영국에서 시작되었다고 합니다. 1775년 알렉산더 커밍이라는 사람에 의해 지렛대원리를 이용한 물탱크의 사용으로 만들기 시작했으나, 냄새 문제를 해결 못하다가 S자모양의 '트랩*trap*'에 물을 채워 냄새를 차단하는 원리를 찾아내어 실내에 설치가 가능해짐으로써 보급되었다고 합니다.

거기에 이제 많은 가정에도 설치되고 있는 '비데' 말하자면 우리의 뒷물하는 것이라고 할 수 있습니다. 비데*bidet*라는 말은 15세기 프랑스 귀족사회에서 애완용으로 기르던 조랑말을 일컫는다고 합니다. 귀족이 도기에 더운 물을 담아놓고 뒷물 처리하는 모습이 조랑말 타는 듯하다고 해서 그렇게 부르게 되었다고 합니다. 이 비데도 수동식에서 베르누이원리를 따른 기계식으로, 다시 기계식에 전기히터를 부착한 전자식으로 발전하였다고 합니다.

　　이 비데는 주름이 1,000여 개 이상 모인 항문 주변을 화장지로 완전히 닦아낼 수 없는 단점을 물 세척으로 보완하여 위생적 청결은 물론 상쾌한 기분이라는 심리적 안정까지 주는 욕실 과학용품이라 하겠습니다.

　　하지만 그 옛날 자급자족하던 시절 친환경적이고 자원재활용적인 화장실이 있어야 할 국립공원 안에까지 비데가 들어간다는 뉴스에는 선뜻 마음이 움직이지 않는 것도 사실입니다. 어느 것이 옳은 지는 좀 더 생각해봐야 하겠습니다.

　　오늘도 최고의 날이 되십시오.

손 씻기

예전에 저희 아버지께서는 수수께끼 두 개를 종종 내시곤 했습니다. '개벽'이라는 우리나라 최초의 잡지에서 보신 것이라는데 재미있습니다. 하나는 우리의 눈 두 개 중 하나만 얼굴에 두고, 다른 하나를 우리 몸 다른 부위에 둔다고 하면 어디에 두어야 제일 편리하겠느냐는 것입니다.

과연 어디일까요? 뒤통수? 아닙니다. 답은 집게손가락 끝에 두는 것이 제일 편리하다는 것입니다. 그렇지 않겠어요. 그냥 몸은 두고, 손만 들어 뒤를 보면 보일 것이고, 손만 내리면 밑도 자연히 보이니 대단히 편리할 것 같지 않습니까?

또 하나는 우리 몸 중 가장 더러운 부위가 어디냐는 겁니다. 어디일까요? 발? 항문? 아닙니다. 답은 손이랍니다. 생각해보십시오. 손은 우리 몸 중 가장 많이 외부 물체와 접촉을 하는 부위입니다. 깨끗한 것도 만지지만 더러운 것도 만져야 합니다. 그래서 손이 가장 더

러울 수밖에 없을 겁니다.

　자고 일어나면 신종플루로 인한 기사가 넘쳐나고 있습니다.(당시 2009년) 감기 정도일 뿐 큰 병은 아니라는데 사망자가 계속 나오고 있어 마냥 불안한 것도 사실입니다. 여기에 치료제라는 '타미플루 Tamiflu'가 우리나라에서는 부족하다는 소식도 있어 더 불안을 가중시키고 있습니다. 이런 상황에서 가장 좋은 예방책으로 손 씻기를 대대적으로 권장하고 있습니다.

　지난 9월 14일자 동아일보를 보니 170년 전 유럽에서 산모 사망률이 20%에 이르고 있었는데, 산부인과에서 일하는 의료진에게 손 씻기를 철저하게 시켰더니 사망률이 무려 1%로 떨어졌다는 기사가 있었습니다. 미생물과 전염병에 대해 유명한 루이 파스퇴르에 의하면 병든 환자를 진료했던 그 손으로 건강한 산모들의 몸을 진찰했으니 병을 옮기는 것과 같았다는 것입니다. 그래서 20세기 들어 의사들은 손 씻기 지침을 만들어 환자 진료 시에는 철저하게 손을 씻기 시작했다는 것입니다.

　현재 질병관리본부와 식품의약안전청 등에서도 손 씻기가 감염질환의 60% 이상 예방을 할 수 있다고 하면서 손 씻기 운동을 권장하고 있으며, 2005년 대한의사협회 등이 주가 되어 만든 '범국민 손 씻기 운동본부'에서도 대대적인 손 씻기 운동을 벌이고 있습니다. 손 씻기는 완전 멸균을 위한 것보다는 세균의 증식억제에 두고 있다고 합니다. 1마리의 세균이 1시간이면 64마리, 3시간이면 26만 마리로 폭발적인 증식이 되는데 식약청 얘기로는 비누로 15초만 잘 씻어도 90%, 30초 이상 씻으면 99%를 제거할 수 있다고 합니다.

우리가 잘 몰라 그렇지 가만히 관찰해보면 하루에 수도 없이 사람은 손으로 코와 입을 만진다고 합니다. 세균이 우글우글 거리는 손이 계속 콧구멍을 만지고 입술을 만지게 되면 어떻게 되겠습니까?

동아일보 '횡설수설'에서 보니 유럽에서 악수까지 사라지는 추세라고 하더군요. 그래도 아무리 무섭다고 악수까지 꺼려서야…. 다만 철저한 손 씻기는 아주 중요한 습관이 되어야 한다는 것은 분명합니다. 신종플루, 손 씻기로 물리칩시다.

오늘도 최고의 날이 되십시오.

번데기

　학교 친구들은 대부분 아는 사실입니다만 어릴 적 제 별명은 '번데기'입니다. 커서 만난 사람들에게 이 이야기를 하면 킥하고 웃으면서도 제 신체적 모습과 별명이 잘 연상이 안 된다는 반응이었습니다. 그도 그럴 것이 제가 조금 뚱뚱하기에 '뚱보'라든지 '돼지'라든지 하면 맞는데 번데기는 쉽게 생각이 안 된다는 표정이지요.

　사실은 이름 때문입니다. 제 이름은 아시다시피 음성모음인 'ㅓ'가 겹치기 때문에 'ㅓ+ㅓ'가 발음상 'ㅓ+ㅣ'로 납니다. 그래서 저의 부모님이나 이웃집에서 저를 부를 때 '범딕아'라고 불렀었답니다. 이것을 놀러온 친구들이 듣고, 어 쟤는 '번디기네' 하면서 이름 대신 부르게 되고 그것이 초등학교 6년 내내 제 별명이 되었답니다. 그 별명은 중학교에 들어가면서 명찰을 달게 된 후 차차 사라지게 되었습니다. 솔직히 그때는 그 별명이 싫었지요. 하고 많은 별명 중 하필 번데기라니…. 그런데 이상하지요. 40여 년이 지난 지금은 번데기란 말이 그렇게 싫다는 생각이 안 드니 알다가도 모를 일입니다.

얼마 전 이외수가 쓴 '글쓰기의 공중부양'이란 책에서 번데기에 대한 글을 읽었습니다. 저 나름대로는 내용이 좋아서 조금 길더라도 인용을 해보고자 합니다.

누에는 알에서부터 한살이를 시작한다. 한 개의 알은 한 개의 점으로 고정되어 있다. 한 개의 점으로 고정되어 있기 때문에 스스로는 천만분의 일 센티미터도 움직일 수가 없다. 그러나 알도 하나의 생명체다. 행동반경 제로상태에서 나름대로 숨을 쉬고 나름대로 사고를 하고 나름대로 발육을 하면서 겨울을 보낸다.

누에의 알은 봄이 되면 마침내 부화를 한다. 갓 부화된 유충은 아주 작은 체형에 검은 색을 띠고 있어서 개미처럼 보인다. 그래서 개미누에라는 별칭을 가지고 있다. 비록 작기는 하지만 알과는 차원이 다른 생명체다. 점에 불과하던 존재에서 스스로 면面이라는 공간을 이동할 수 있는 존재로 승격된 것이다. 점으로 붙박혀 있던 1차원적 삶에서 면을 이용할 줄 아는 2차원적 삶으로 환생한 것이다.

갓 태어난 애벌레는 냄새로 뽕잎의 위치를 알아내고 부드러운 뒷면부터 뽕잎을 먹어치우기 시작한다. 이어 2일 정도가 지나면 체형이 커지고 강모剛毛의 간격이 넓어지면서 피부가 희어진다. 그리고 3일째에는 뽕잎을 먹지 않고 피부가 투명해지면서 움직임을 보이지 않는다. 마치 자고 있는 듯이 보이므로 이때를 첫잠이라고 하며 부화를 기점으로 첫잠까지를 계산해서 1령 애벌레라고 한다. 애벌레는 스스로 면을 이동하는 즐거움, 스스로 뽕잎을 갉아먹는 즐거움, 스스로 잠을 자는 즐거움을 구가하는 생명체로 살아간다.

1령 애벌레에서 하루 정도가 지나면 허물을 벗고 2령 애벌레가 된다. 시간이 지나면서 누에는 뽕잎 먹기와 잠자기와 허물벗기를 거듭한다. 그리고 네 번째 잠을 자게 되면 이때를 5령 애벌레라고 지칭한다. 5령 애벌레에게는 일주일 정도 더 뽕잎을 먹는 즐거움이 허용된다. 특히 이 시기에는 엄청난 식욕으로 뽕잎을 먹어대기 시작하는데 갓 태어날 때의 몸무게보다 1만 배 정도가 되는 체중을 가지게 된다. 그러나 조물주는 어떤 생명체에게도 영속적인 즐거움을 부여해주는 법이 없다.

5령 애벌레는 일주일 동안의 뽕잎 먹기가 끝나면 고치실을 토사해서 고치를 만들기 시작한다. 그리고 고치실을 다 토해낸 애벌레는 유충의 껍질을 벗어버리고 번데기로 환생한다. 부드럽던 유백색피부는 점차 갈색으로 변하고 몸은 오그라들어 딱딱하게 변한다. 번데기는 12일 동안 꼼짝달싹도 못한 채 캄캄한 고치 속에 갇혀서 절대고독을 감내해야 한다. 그리고 날개를 가지기 위해 등껍질이 찢어지는 아픔도 감내해야 한다.

곤충들은 날개에 따라 유시형有翅形곤충과 무시형無翅形곤충으로 분류된다. 날개가 있으면 유시형이고 날개가 없으면 무시형이다. 유시형은 대부분 날개를 가지기 위하여 번데기의 과정을 거친다. 번데기의 과정을 한마디로 대신할 수 있는 단어는 절대고독밖에 없다. 절대고독은 유시형곤충들이 날개를 가지기 위해 필수적으로 감내해야 하는 통과의례다.

그대가 만약 곤충으로 환생한다면 유시형곤충과 무시형곤충 중 어느 쪽을 선택하겠는가. 절대고독이 두렵고 등껍질이 찢어지는 아픔이 두렵다면 무시형곤충을 선택하는 수밖에 없다. 그러나 그대는 오로지 먹고사는 즐거움 하나로 만족하면서 밑바닥을 기어 다닐 각오를 해야 한다.

그러나 날개를 가진 곤충들은 거의가 아주 소량의 먹이만으로 생명활동을 영위한다. 그것들은 먹이를 최상의 즐거움으로 삼는 단계를 벗어난 생명체들이다. 기어 다니는 생명체들과는 차원이 다른 존재들이다. 그것들에게는 하늘을 날아다니는 즐거움이 있다.

약간 길었습니다만 이외수는 이렇게 쓰면서 좋은 글을 쓰고 싶다면 몇 번씩이라도 허물을 벗고 다시 태어나기를 소망하라고 이야기하고 있습니다. 스스로 몽상의 고치 속에 고립되어 절대고독을 감내하고 등껍질이 찢어지는 번데기의 아픔을 감내하라고 합니다. 저도 제 별명인 번데기의 아픔을 감내하여 좋은 사람으로 다시 태어나기를 갈망해야 할 텐데 늘 그러지 못하고 있습니다. 그래서 번데기라 불리던 시절이 더 그리운지도 모르겠습니다.

오늘도 최고의 날이 되십시오.

남을 위한
자기희생

제게는 참 부끄러운 기억이 많습니다. 어렸을 때의 이야기를 꺼내자면 늘 마음속에 걸리는 일이 하나둘이 아닙니다. 오늘 드릴 이야기는 초등학교 3학년 때의 일로 기억됩니다. 산수시간 준비물로 컴퍼스를 가져와야 했는데 저는 그만 깜빡하고 안 가져 왔습니다. 저뿐만 아니라 많은 아이들이 가져오지 않았지요.

선생님께서 화가 나셔서 안 가져온 사람은 밖으로 나오라고 불호령을 내렸습니다. 반장이었던 저는 얼굴이 빨개져 쩔쩔 매고 있었지요. 그때 제 짝꿍이었던 황태선이란 친구가 자기 컴퍼스를 제게 주더니, "너는 반장이잖아. 내가 나갈게. 나야 혼나면 어때." 하고 나가는 것이었습니다. 저는 그저 멍하니 보고만 있었지요. 참으로, 참으로 못난 사람이었습니다.

그는 홀어머니 밑에서 가난하게 사는 처지로, 공부보다는 놀기를 좋아했지만 운동신경이 뛰어나고 마음이 한없이 착한 친구였지요. 지금 어디 사는지 무엇을 하는지 학교졸업 후(아마 집안사정으로 진학을 못했지 싶습니다) 만나지를 못했지만 제 가슴속에는 그때 일이 생생하게 남아 있습니다.

한국과학재단이 선정한 과학자 중에 경제학자를 한 분 선정하여 이상하게 생각을 하였는데, 그분의 연구가 인간의 '이타성(利他性, *altruism*)'에 관한 것이었습니다. 인간을 비롯한 모든 생명체는 적자생존과 생존경쟁의 법칙에 맞추어야 살 수 있는데, 이에 반하여 자기를 희생하여 다른 생명체를 돕는 이타성은 어떻게 설명할 수 있을까를 연구한 것이라고 합니다.

그는 경북대 경제통상학부 최정규 교수로 '자기집단중심적 이타성과 전쟁의 공동진화'라는 논문을 2007년 〈사이언스〉에 발표하였습니다. 최 교수는 어렸을 때부터 경제학에 관심을 가지면서도 연구에는 냉철한 이성으로 몰두하고 결과를 얻고 이를 사회에 적응할 때는 더운 가슴이 필요하다는 신념을 갖게 되면서 경제이론과 진화론을 접목시킨 진화경제학에 몰두했다고 합니다.

진화의 관점에서 보면 시간이 지남에 따라 보다 더 환경에 적합한 개체가 살아남아야 하는데 어째서 이타적인 속성이 사라지지 않고 존재하느냐의 의문을 가졌던 것입니다. 미국의 산타페연구소에서 연구를 진행한 그는 이타적인 속성은 때때로 같은 무리에 속하는 사람들을 향해서만 발휘되며, 다른 무리에 속하는 사람들에 대해서는 적대적인 형태를 띠게 된다는 것을 밝혀내었습니다. 그는 이런 생각을 전공인 경제학의 게임이론을 적용하여 연구를 하였다고 합니다.

그는 앞으로 인간본성에 관한 연구를 지속적으로 수행하여 집단 간의 갈등문제를 풀어보고, 인간의 이기적인 동기, 상호적인 동기, 공정성에 대한 동기 등이 왜 존재하는지를 연구할 계획이라고 합니다. 그러나 그의 연구에 있어 애로사항이 하나 있다면 우리나라의 학제 간 연구 환경의 미흡이라고 합니다.

경제학자가 〈사이언스〉에 논문을 실었다는 것이 화제가 되는 것은 우리 학계가 아직 학문 간 장벽이 높다는 것을 보여준다는 것이지요. 경제학자나 정치학자들이 생물학을 함께 연구하고, 경영학자들이 심리학을 함께 연구하는 등 융합연구가 활발해지면 그 성과는 물론 '과학 한국'의 위상도 그만큼 커지기 때문이라고 할 수 있을 것입니다.

초등학교 시절, 그 철없던 시절에도 생각을 깊게 하면서 잘못한 나를 감싸주던 친구를, 이타성에 관한 글을 읽으면서 생각한 것은 제게도 이타성이 조금은 있어야 한다는 반성일지도 모르겠습니다.

오늘도 최고의 날이 되십시오.

학교 다닐 때 누구나 경험하셨겠지만 저도 평시에는 펑펑 놀다가 시험 전날 벼락치기로 공부한 일이 비일비재였습니다. 그럴 때마다 후회와 자책을 했지만 좀처럼 고쳐지지 않았습니다. 그 버릇은 지금도 고치질 못하고 있습니다. 사람의 본성은 여간해서는 고칠 수 없는 모양입니다.

'과학동아'에 잠과 뇌 활동에 대한 글이 실려 읽어보니 벼락치기 공부에 대해서 재미있는 내용이 있더군요. 보통 수면단계는 1단계에서 4단계까지 있다고 합니다. 1, 2단계는 초기 수면단계이고 3, 4단계는 깊은 수면단계라고 합니다. 또한 각 단계별로 독특한 뇌파가 발생한다고 합니다.

우리가 깨어있을 때 뇌는 베타파를 내보낸다고 합니다. 주파수 20헤르츠Hz 이상의 베타파는 간격이 매우 촘촘하고 진폭이 작다고 합니다. 그만큼 진행속도가 빠르다는 것인데 수많은 생각을 하고 끊임없이 몸을 움직여야 하기 때문에 깨어있는 동안 우리 뇌는 아주 복잡하고 빠르게 활동한다는 것입니다.

잠을 자려고 누워 아무런 생각을 하지 않고 있으면 뇌파의 주파수가 8~13Hz 정도의 알파파가 나오고, 잠이 들게 되면 뇌파의 주파수는 점점 느려져 1단계 수면에 들어 2~7Hz의 세타파가 발생한다고 합니다. 좀 더 깊게 잠이 들어 2단계 수면에 이르면 세타파 중간마다 독특한 뇌파(K-복합체와 수면방추라고 한답니다)가 발생하여 깊은 잠으로 유도하는 신호 역할을 한다고 합니다. 3단계에 이르면 느리고 깊은 델타파라는 뇌파가 나오고, 4단계가 되면 뇌파의 절반 이상이 델타파라고 합니다. 뇌가 델타파를 내보낼 때는 호흡처럼 생존에 꼭 필요한 생리작용만 일어나는 상태라고 합니다.

그런데 1, 2단계의 수면상태에서 주로 생기는 독특한 현상을 '렘*REM: Rapid Eye Movement*'수면이라고 한답니다. 이 현상은 잠이 들어 눈을 감고 있어도 안구가 활발히 움직인다는 것입니다. 자는 동안에도 뇌가 활발히 활동을 하고 있다는 뜻입니다. 이때의 뇌파는 세타파와 비슷하지만 뇌 여러 부위에서 나온 뇌파와 혼합되어 있다는 점이 세타파와 다르다는 점입니다.

일반적인 세타파는 뇌가 최소한의 활동만 하면서 나오는 게 보통이며 새벽으로 갈수록 렘수면 비율이 많아진다고 합니다. 수면전문가들은 렘수면 동안 뇌가 활동하는 이유는 낮 동안 얻었던 다양한 정보를 차곡차곡 정리하기 때문이라는 것입니다. 렘수면이 기억력이나 학습능력에 중요한 영향을 미친다고 보는 이유입니다.

밤을 새면서 벼락치기로 공부한 내용은 보통 시험만 끝나면 싹 잊어버리고 맙니다. 렘수면 단계를 거치지 않았기 때문입니다. 뇌에 일시적으로 저장된 정보로 시험을 치르긴 했지만 제대로 정리가 되지 않았기 때문에 며칠 지나면 그 정보가 흩어져 버리는 것입니다.

최근에는 렘수면 이외에도 모든 수면단계가 학습능력과 관련이 있다는 연구가 나오고 있습니다. 실제로 3, 4단계의 깊은 잠까지 잘 자고 나면 다음날 공간지각능력이 더 향상된다는 논문이 발표되었다고 합니다. 그러니까 암기과목처럼 머리를 써서 얻는 지식은 주로 렘수면에서, 몸으로 익히는 학습능력은 깊은 잠인 3, 4단계에서 강화된다고 과학자들은 보고 있다는 것입니다.

말할 필요도 없이 평소 끊임없이 노력하고, 충분한 수면을 취하는 길이 무엇보다도 중요하다는 것이지요. 그러나 아직도 저는 벼락치기하는 습관을 버리지 못하고 있습니다. 사실 시험 볼 일이 또 있기는 힘들겠지만 글 쓰는 일은 여전히 벼락치기로 밤을 새는 일이 종종 있어서 드리는 말씀입니다.

오늘도 최고의 날이 되십시오.

염분

저는 원래 뚱뚱한 몸이라서 살을 빼야 한다는 소리를 많이 듣고 있고, 저 역시 그 말씀대로 살을 빼려고 노력은 하고 있습니다만 그렇게 잘되질 않아 고민입니다. 나이가 들고 몸이 비만으로 가면 자연히 성인병이 오는데 그에 대한 해답으로 적절한 식사와 운동을 들고 있습니다. 운동은 여기서 말씀드리지 않아도 많은 분들이 열심히 하고 있지요. 식사는 물론 소식을 하라고 하는 것이 우선이고요. 그 다음이 맵거나 짜게 먹지 말라는 겁니다.

사실 이것이 쉽지 않습니다. 오래전 일입니다. 청주에서 존경받는 시민운동가이셨던 고故 동범 최병준 선생님께서, 유신 시절 출국금지 조치를 받고 비행기트랩에서 끌려 내려오시다 넘어져 그만 혀를 다치신 일이 있었습니다. 그때 동범 선생님께서는 제 친구들 주례를 많이 서주셔서 자주 식사를 모셨는데, 혀를 다치시는 바람에 맛있는 음식을 먹어도 모래를 씹는 기분이라고 어려움을 말씀하시는데 정말 딱하셨습니다.

음식 맛을 내는 데 가장 중요한 것이 아마 소금 아닌가 생각합니다. 기원전 2,000년경에도 소금은 맛을 내는 데도 필요하고, 음식물의 부패를 막는 작용을 하는 것으로 알려져 무척 귀했다고 합니다. 중국 한무제 시절에는 소금을 국가가 직접 전매를 하였고, 로마시대에는 병사들의 월급을 소금으로 주기도 했답니다. 월급*salary*이란 말은 원래 소금의 라틴어에서 나온 것이라고 합니다.

19세기에 냉장고가 등장하면서 음식의 부패를 막기 위한 소금의 필요성은 줄어들었지만 사람들이 이 맛에 익숙한 데다 가격마저 저렴해져 소금의 소비는 오히려 늘어나게 되었답니다. 오늘날 사람들이 섭취하는 염분의 77%는 가공식품, 냉동식품, 패스트푸드와 일반 식당에서 나온다고 합니다.

왜 이렇게 인간은 소금을 필요 이상으로 찾게 되었을까요? 미국 아이오와대학 생리학과의 킴 존스 교수는 진화가 중요한 역할을 했다는 연구결과를 내놓았습니다. 그는 인간이 원래 짠 바닷물에서 살던 생물에서 진화했다고 합니다. 그 후 육지에 올라와 살게 되었지만 신체는 계속 소금을 필요로 했다는 것이지요. 또한 인간이 점차 바닷가에서 멀리 떨어진 내륙 깊숙이 들어와 염분을 찾을 수 없게 되자, 우리 몸의 생물학적 기능이 염분을 유지할 수 있는 시스템으로 바뀌었다고 합니다. 소금을 탐지할 수 있는 미각시스템이 생기고, 소금이 있는 곳을 기억하는 뇌 기능이 발달하였다고 합니다.

우리 몸은 필요한 염분을 찾고 보존하는 방법을 터득하였지만, 지나치게 남용하게 되어 부작용이 나타나 담백한 식사를 권장하기에 이르렀습니다. 모든 것이 지나치면 좋을 게 없다는 이야기입니다.

한 말씀 더 드리면, 바닷물의 염분 농도는 매우 높다고 합니다. 평균 염분 농도가 35‰(퍼밀)에 이른다고 하는데, 1‰은 바닷물 1,000g 속에 1g의 염분이 있음을 의미하니까 대단한 양입니다. 그런데 이 바닷물에서 평생을 사는 물고기들은 전혀 짜지를 않아 우리가 회로도 즐겨 먹게 되는데 왜 그럴까요? 바닷물고기들은 바닷물을 모두 흡수하지 않기 때문이라고 합니다. 바닷물을 마시기는 하지만 그 속에 들어있는 염분은 성장에 필요한 일부만 흡수하고 나머지는 배설한다는 것입니다. 다시 말해 염도가 높은 물속에 살지만 체내에 염분이 쌓이지 않는다는 것이지요. 다만 죽은 채 장시간 바닷속에 가라앉은 물고기들은 체내에 염분이 쌓여 짠맛이 난다고 합니다.

작년 초, 체중을 최대한 줄여 사람들을 놀라게 하겠다고 마음먹고도 그렇게 하지를 못하고 새해를 맞은 저는 다시 한 번 결심을 하려고 합니다. 좋아하는 음식도 좀 줄이고, 운동도 열심히 해서 기필코 '날씬한 몸을 만들자'라고 말입니다.

오늘도 최고의 날이 되십시오.

요즈음은 극장엘 자주 가지 않지만 옛날에야 최고의 오락이 영화
관람이었기에 극장가는 일이 자주 있었습니다. 그 시절 청주의 극장
은 좌석제가 아니기 때문에 영화가 상영되는 중간에 들어갈 수 있었
습니다. 그때 들어가면 화면만 환하고 사방이 캄캄하여 더듬더듬 빈
좌석을 찾아 앉게 되고, 한참을 지나야 주위를 인식할 정도로 시야가
자리 잡곤 했습니다. 이는 동공이 빛을 많이 받으면 수축되어 빛을
적게 조절하고, 빛을 적게 받으면 확장되어 빛을 많이 받도록 조절
되기 때문입니다. 그렇다면 극장 안에 비상구를 표시하는 등이 녹색
유리 안에 있는 것을 보셨을 텐데 왜 그런지 아시나요?

비상구는 화재 등 비상상황이 발생했을 때 사람들이 건물 밖으로
빠져 나갈 수 있도록 설치한 대피용 출구입니다. 모든 건물에는 이
비상구의 위치를 알려주는 표시판이 내부 곳곳에 부착돼 있으며, 언
제 발생할지 모르는 대피상황에 대비해 주야간을 막론하고 늘 불이

켜져 있습니다. 특히 비상구 표시판은 배터리나 자가발전기 등 별도의 전력원과 연결되어 건물 전체가 정전이 되었어도 제 역할을 할 수 있습니다.

이상한 점은 바로 이 비상구 표시판이 눈에 잘 띠지 않는 녹색으로 되어 있다는 사실입니다. 도로 중앙선, 어린이집 차량, 위험물질, 차량속도 제한, 좌회전 금지, 공사지역 등 사람들의 주의를 끌거나 경고의 의미를 담은 표시들은 노란색이나 빨간색을 사용하는데 왜 굳이 녹색을 사용할까요?

바로 사람의 눈 구조와 관련이 있다고 하네요. 실제 우리가 색을 느낄 수 있는 것은 눈의 망막에 있는 '추상세포'와 '간상세포'라는 시세포 때문이라고 합니다. 이 중 '추상세포'는 160여 가지의 색을 구분할 수는 있지만 밝은 곳에서만 작용하며, '간상세포'는 이보다는 훨씬 적은 색 구분 능력을 가지고 있지만 어두운 곳에서 작용한다고 합니다.

다시 말해서 위급한 상황에서는 대부분 정전사고가 동반된다는 점에서 비상구 표시등은 '추상세포'보다는 '간상세포'의 능력에 초점을 맞추어 색상을 결정하는 것이 좋다는 이야깁니다. 이 '간상세포'에는 로돕신*rhodopsin*이라는 단백질이 있어 빛의 파장이 500나노미터인 녹색광은 잘 흡수하는 반면 적색광은 흡수율이 낮습니다. 평소에 눈에 잘 띠던 빨간색도 어두운 곳에서는 잘 보이지 않은 이유가 여기에 있습니다.

바로 이 같은 눈의 구조로 인하여 위급한 상황에서 탈출로를 알려주는 비상구의 표시판은 적색이나 노란색이 아닌 녹색인 것입니다. 무심코 보게 되는 표시판이 사람의 신체반응에 따라 색이 정해진다는 사실이 놀랍지 않습니까?

오늘도 최고의 날이 되십시오.

콧물

우리 어렸을 땐 정말 콧물을 많이 흘렸습니다. 요즈음은 볼 수 없지만 우리 때는 모두 윗저고리 왼쪽에 콧물 닦는 수건을 핀으로 매달고 초등학교를 다녔습니다. 그때 사진을 보면 웃음이 나오지만 그 시절에는 당연했었지요.

지금은 지구온난화다 해서 겨울에도 춥질 않게 보내서 그런지 그렇게 콧물 흘리는 아이들을 보기 힘든 것 같습니다. 하여간 그때는 우리 친구들이 어지간히 콧물을 흘리고 다녔던 것 같습니다. 사실 지금은 아파트에 많이들 살아 겨울에도 추운 걸 모르지만, 당시는 방 안에 있어도 웃풍이 심해 오히려 방 바깥의 양지바른 곳이 따뜻했던 기억이 생생합니다. 또 핸드크림이 있길 했나요. 손등은 갈라지고 터져 늘 쓰라렸습니다. 질질 흐르는 콧물, 갈라진 손등, 꽁꽁 얼어붙은 발. 뭐 이런 것들이 어린 시절 겨울날의 기억이지만 그래도 뭐가 그리 좋았던지 그리운 추억으로 송송 솟아오르곤 합니다.

추울 때 콧물이 흐르는 이유는 무엇일까요? 그것은 추위라는 자극에 대한 반사작용의 하나라고 합니다. 평상시 콧속 공간은 점막으로 되어 있고, 늘 어느 정도 분비물이 나와 점막을 보호하게 된다고 합니다. 그 분비물은 들이마시는 공기 중의 수분이 플러스되어 나오게 됩니다. 이렇듯 어떤 외부의 자극을 받게 되면 반사적으로 콧물을 내뿜게 된다고 합니다.

정상적인 경우에는 하루 약 1,000cc 이상이 분비되는데, 매캐한 연기를 들이마시거나 손톱에 의해 콧속이 긁혔을 경우에 분비물이 과다하게 나오는 것도 자극에 의한 것이라고 합니다. 특히 콧속은 매우 민감한 부분이라서 뜨거운 공기, 차가운 공기가 들어와도 이를 자극으로 간주한다고 합니다. 겨울철에 따뜻한 방안에 있다가 바깥에 나갔을 때 콧물이 흐르는 것은 창피한 일이 아니라 당연한 현상이라고 합니다. 다만 사람마다 자극에 대한 민감도가 달라 콧물이 잘 나는 사람도 있고, 그렇지 않은 사람이 있다고 합니다.

여기서 한 가지 알아두실 일은 자극이 어떤 것이냐에 따라 콧물 색이 다르다고 합니다. 실제 조건반사에 의한 콧물은 무색투명한 데 비하여 감기바이러스, 공기 중의 세균이 콧속에 들어갔을 때 나오는 콧물은 노란색이라고 합니다. 이 노란색은 바이러스와 싸우다가 죽은 백혈구들이라고 합니다.

또 하나 알아두실 일은 방 안을 건조하게 하여 콧속을 너무 메마르게 하는 것도 좋지 않다는 사실입니다. 저도 얼마 전 세수하다가 코피를 흘려 이비인후과를 찾았더니, 의사선생님께서 제 코 안이 너무 건조하여 실핏줄이 터졌다 하더군요. 약을 쓸 필요 없이 가습기 등으로 방 안에 적정습도를 유지하라고 말씀하시더군요. 그래서 가습기도 구하고, 빨래건조기도 들여놓고, 큰 그릇에 물도 한가득 떠다 놓았더니 나아지더군요. 여러분도 특히 아파트에 사시는 분들은 반드시 실내 습도를 알맞게 맞추는 데 신경을 쓰셔야 좋습니다. 코흘리개 어린 시절을 생각하면서, 춥지 않은 지금은 오히려 코가 말라 코피 쏟는 일도 있어 한 말씀 드렸습니다.

오늘도 최고의 날이 되십시오.

5장

생명연장의 꿈

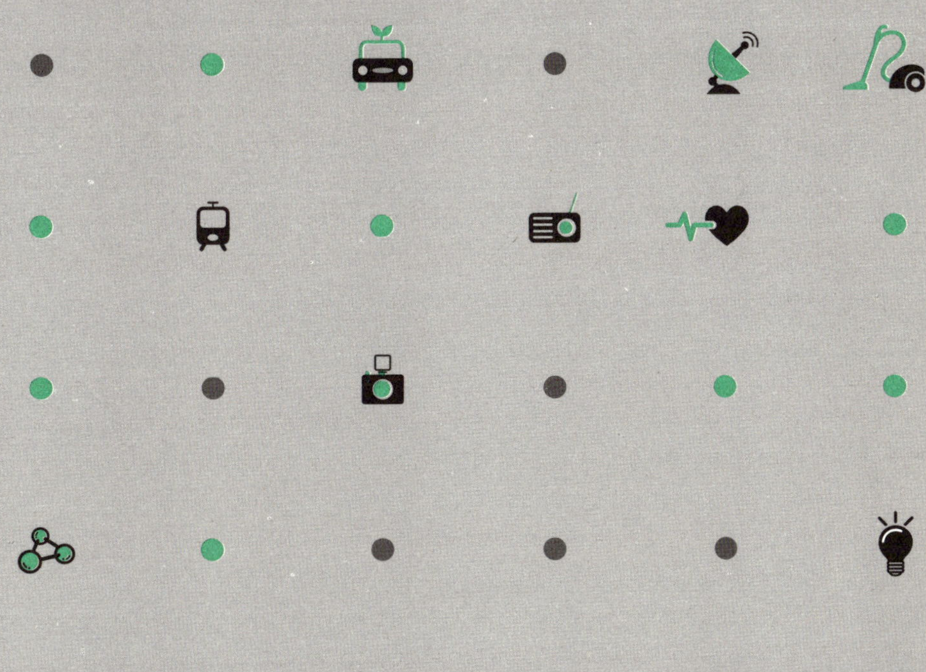

현명한 자는 건강을 인간의 가장 큰 축복으로 여기고,
아플 땐 병으로부터 혜택을 얻어낼 방법을
스스로 생각하여 배워야 한다.
— 히포크라테스

우리 삶에 있어 가장 큰 가치는 무엇일까요. 많은 사람들이 자아성취. 일. 사랑.
명예 등을 꼽지만 이 모든 것은 육체가 건강하다는 가정 하에서만 가능합니다.
무병장수는 모든 사람들의 바라는 것입니다. 그리고 의학기술의 발달로 질병이
없는 세상을 향해 달려가고 있습니다. 생명연장은 더 이상 꿈이 아닙니다.

병 없는 세상 1

제가 2001년 청주에 내려와 오송생명과학단지를 홍보하기 위한 바이오엑스포를 준비하고 있을 때 김숙자소아과병원 원장님을 만났습니다. 그때 그분이 제게 '대사질환'이란 말을 가르쳐주시고 '대사질환학회'가 있으니 한번 시간을 내서 와보라고 권하셨습니다.

대사질환이란 말은 사실 지금도 정확히 제가 이해하고 있는 말은 아닙니다. 쉽게 말씀드리자면 유전병을 말한다고 볼 수 있습니다. 우리가 음식을 먹으면 그 음식이 소화되어 영양분으로 바뀌어 몸 곳곳으로 전달되어야 하는데, 그러한 과정이 대사활동이라고 할 수 있습니다. 그런데 그러한 대사활동이 유전자의 이상으로 제대로 이루어지지 않아 나타나는 질환을 말한다고 합니다.

김 원장님은 어린이들에게 가능한 빨리 대사질환 여부를 가리는 검사를 실시하면 완전한 치료는 몰라도 악화되는 것은 방지할 수 있으니 제게 관심을 가져달라고 말씀을 하셨습니다. 저는 그분의 열정에 놀랐고, 그 순수성에 감동하였습니다. 그래서 학회가 열리는 서울 현대아산병원에 가보았습니다.

화창한 봄날, 휴일임에도 학회가 열리는 룸은 큰 크기에도 불구하고 사람들로 가득 차 있었습니다. 마침 김 원장님께서 슬라이드를 가지고 발표를 하는 중이었습니다. 잘 알아듣지는 못하는 전문용어가 많이 나왔지만, 슬라이드 내용으로 충분히 이해를 하였습니다.

슬라이드에는 두세 살쯤 된 사내아이가 유전병으로 고통을 받는 모습이 담겨 있었습니다. 지금도 그 모습이 눈에 선합니다. 아파서 움직이지 못하는 것이 아니라 고통으로 잠시도 자기 몸을 가만히 있질 못하고 몸부림을 치고 있으니 밥을 먹일 수도 잠을 재울 수도 없었습니다. 보고 있는 제 가슴이 너무나 아프더군요. 그러니 그 부모의 심정은 어떨까요?

김 원장님의 발표내용은 그 아이에 대한 치료에 관한 것이었습니다. 그런 병은 아주 희귀한 병이기에 연구자가 많질 않아 병의 원인이나 치료할 약이 없는 게 당연했던 것 같습니다. 그러던 것이 생명과학의 발달로 유전자연구가 이루어져 대사질환학회가 생기고 대사질환에 대한 치료를 논의할 단계에까지 이르렀다고 하겠습니다.

서론이 길어졌습니다만 이번에 말씀드릴 과학자는 이러한 희귀질환연구 분야에 혜성과 같이 나타나 세계학계의 기대를 받고 있는 KAIST 생명과학과의 정종경 교수입니다. 그는 2006년 6월 〈네이처〉에 파킨슨병의 발병원인을 규명한 논문을 발표하여 주목을 받게 되었습니다.

그의 연구를 간단히 말씀드리겠습니다. 우리 생명체의 세포에 에너지가 부족하면 AMP*adenosine monophosphate*란 물질이 나온다 합니다. 이를 조절하기 위해서 나오는 유전자가 AMPK*AMP-activated protein kinase*란 효소로 이것이 그동안 당뇨와 비만관련 효소로만 알고 연구가 이루어졌는데 정 교수가 암 발생 과정과 관련이 있다는 사실을 밝혔다는 것입니다. 실제 그는 대장암세포에 AMPK를 활성화시키는 물질을 처리하면 정상세포로 돌아온다는 것을 논문에서 보여 주었습니다.

그뿐만 아니라 실험을 위하여 AMPK를 생성하는 유전자를 제거한 초파리를 만들어내는 데 성공을 했습니다. 이것도 세계 최초의 일로 그동안 베일에 싸여져 있던 AMPK의 새로운 생체기능을 밝혀줄 중요한 연구방법과 도구를 새로 만들어 냈다고 평가받고 있다는 겁니다.

그는 서울대 약대를 졸업하고 미국으로 건너가 하버드대학에서 박사를 받고 더 연구를 계속한 뒤 귀국하여 KAIST에 자리를 잡았습니다. AMPK와 같은 대사관련 유전자들의 연구는 박사과정 시절부터 관심을 가져왔다고 합니다. 그는 아직도 배가 고프다고 합니다. 그의 희귀질환 연구는 끝이 없기 때문이라고 합니다. 그러나 그는

사람의 질병에 관한 연구 중 하나는 꼭 자신의 손으로 완성하고 싶다
고 합니다. 바로 파킨슨병이라고 합니다.

저는 믿습니다. 앞에서 말씀드린 김숙자 원장님이나 정종경 교
수님 같은 분들이 계시는 한 어떠한 질병이라도 정복할 수 있을 것
을…. 그러기 위해서 우리들이 그분들의 연구를 응원하고 지원을 해
야 할 것이라고 생각합니다. 정말 병 없는 세상을 만들어야겠습니다.

오늘도 최고의 날이 되십시오.

병 없는 세상 2

갑자기 날씨가 추워져서 그런지 어르신들께서 세상을 떠나셨다는 소식이 잦아졌습니다. 와중에는 생각지도 않은 급환急患으로 한창인 나이에 세상을 뜨는 안타까운 일들이 종종 들려옵니다.

2001년인가로 기억됩니다. 평소 매우 건강했던 저의 고등학교 1년 선배인, 당시 충주시의회 박장열 의장의 갑작스런 죽음은 아직도 가슴이 아픕니다. 강원도 해안가로 놀러가셨다가 생선회를 잘못 드셨는지 병을 얻자마자 세상을 뜨셨다는데, 그 병이 '패혈증敗血症'이라고 들었습니다. 문득 "아니, 현대의학이 얼마나 발전했는데 패혈증이 얼마나 무서운 병이라고 손 한 번 못 쓰고 사람이 죽나?" 하는 의구심이 일었습니다.

패혈증은 우리 몸이 세균에 감염되었을 때 세균이 생산한 독소에 의해 중독증세를 나타내거나 전신에 감염증상을 일으키는 병이라고 합니다. 특히 우리 몸의 면역체계와 관련이 있다고 합니다. 사람의 면역체계는 제대로 작동하지 않거나 지나치게 작동을 하게 되면 질병에 걸리게 된다고 하는데, 패혈증은 면역체계가 지나치게 작동함으로써 일어난다고 합니다. 이 병은 발병원인과 발병과정이 대단히 복잡하여 아직 효과적인 치료방법이나 약이 개발되지 못했다고 합니다. 미국에서 매년 10만 명 이상이 이 병으로 사망한다고 하니 무서운 질병임에 틀림없습니다.

이 무서운 패혈증 치료에 청신호를 올렸다고 평가되는 논문이 2007년 9월 〈셀〉에 발표되었습니다. 바로 KAIST 화학과 이지오 교수가 주축이 된 연구팀이 '패혈증을 유발하는 단백질 TLR4-MD2의 구조'란 제목의 논문입니다. 이 논문은 면역반응이 활성화되는 메커니즘을 규명함으로써 패혈증, 천식, 고혈압, 자가면역증 등의 질병치료에 획기적인 단초를 제공한 것으로 평가받았습니다.

간략하게 설명 드리면, 사람의 면역은 선천성 면역체계와 적응성 면역체계의 2단계 시스템으로 작동되는데, 바로 이 면역체계를 조절하는 단백질의 구조를 밝힌 것입니다. 선천성 면역체계는 어떤 병원체에 대하여 태어날 때부터 가지고 있는 자연면역을 말하며, 적응성 면역체계는 백신접종 등을 통한 인공면역을 말한다고 합니다. 이러한 선천성 면역과 적응성 면역의 반응 조절은 'TLR'단백질이 관여한다고 합니다. TLR은 초파리 단백질인 톨*toll*과 비슷하다고 하여 '톨 유사수용체'라고 하는데 병원성 미생물에 있는 다양한 분자들의 구조를 인식하는 단백질이라고 합니다.

그동안 수많은 연구자들이 인체에 있는 TLR단백질을 연구하였습니다만 그 일부 기능만 밝혔을 뿐 그 구조와 메커니즘을 밝히는 일은 불가능한 숙제로 여겨 왔다고 합니다. 이 난제를 이 교수 팀이 해결함으로써 신약개발의 청신호를 울리게 되었다는 것입니다. 여기서 그 기술적인 방법을 설명 드리기에는 저도 능력이 부족합니다, 다만 이 교수가 수많은 실패 끝에 찾기 어려운 TLR단백질의 구조를 밝히는 데 성공하였다는 말씀은 드릴 수 있습니다.

이 교수는 서울대 화학과를 졸업하고 미국 하바드대학에서 박사학위를 받은 뒤 미국 3대 암센터의 하나인 '슬로언 캐터링 암센터 *Sloan- Kettering Cancer Center*'에서 박사후연구원과정을 거쳤습니다. 거기에서 인체질환과 관련된 단백질의 입체구조를 연구하였고, 2002년 귀국하여 KAIST에서 교수로 재직하며 연구와 후학지도에 전력을 쏟고 있습니다.

박사과정부터 지금까지 단백질 관련 연구만 18년을 지속한 끝에 새로운 융합기술을 찾아 세계적으로 불가능하다고 포기하고 있던 연구를 규명해낸 이지오 교수는 지금도 실패를 생각한다고 합니다. "실패에 친숙해지고, 실패를 거듭하라."라고 이 교수는 말합니다. 어느 순간 그 실패의 조각들이 위대한 발견이 되어 앞에 있을 것이라고 말합니다.

이지오 교수 같은 분들이 꼭 많아져 패혈증 같은 병이 사라지고 주변에 가슴 아픈 일이 벌어지지 않기를 늘 고대해 봅니다.

오늘도 최고의 날이 되십시오.

혈액종양내과를
아시나요?

저는 지금까지 수술을 여러 차례 받았습니다. 그중에는 아주 가벼운 수술도 있었고, 생명의 문제를 걱정할 정도의 심각한 수술도 있었습니다. 이제는 드라마에서도 암에 걸린 사람이라고 무조건 죽는 시한부 생명으로 설정하지는 않더군요. 현대의학이 그만큼 발달해서 수술이 가능한 경우에는 완치까지도 가능합니다.

저도 대장암수술을 받은 지 이제 15년이 되어가고 있습니다. 이제는 정기적인 건강검진과 내시경으로 체크를 할 뿐 별다른 조치를 하고 있지는 않습니다. 오히려 다른 성인병을 걱정하고 있어 먹는 음식을 가리고, 운동을 게을리하지 않으려 노력하고 있습니다. 사실 얼마 전만 하더라도 건강검진을 하면서 따로 내시경을 받는 사람이 많지 않았는데 이제는 웬만하면 내시경을 받는 것 같아 다행입니다.

오늘 제가 드리고자 하는 말씀은 15년 전에 느꼈던 현대의학의 발전과 한계에 대해서입니다. 저는 현대의학의 힘으로 이렇게 건강하게 살아가고 있지만, 아직도 많은 사람들이 죽어가는 원인 중 으뜸은 암으로 나와 있습니다. 어느 정도 천수를 누리고 암으로 돌아가시는 분들이야 그렇다 하더라도 아직 한참은 더 살 수 있는 나이에 암으로 세상을 떠야 하는 경우를 많이 보게 되어 안타깝기 그지없는 것이 현실입니다. 바로 얼마 전에도 제 가까운 친지가 암으로 세상을 떴다는 소식을 들었습니다.

저는 대전에서 수술을 받고, 항암치료는 서울대병원에서 받았습니다. 두 달 정도 직장을 쉬었다가 다시 근무할 수 있다는 주치의(실은 아주 가까운 친구입니다만)의 얘기를 듣고 내무부로 복귀하게 되었습니다. 다만 불가피하게 서울로 옮길 수밖에 없어 항암치료는 서울대병원에서 받았습니다.

아주 운 좋게도 청주 출신의 우리나라 대장암치료의 최고 권위자라 할 수 있는 박재갑 박사의 주선으로 허대석 박사에게 치료를 받을 수 있게 되었습니다. 그런데 그분의 소속 진료과가 '혈액종양내과'이더군요. 처음에는 그게 무슨 말인지 몰랐습니다. 아직도 제가 확실하게 이해할 수는 없습니다만 암수술 이후 항암치료는 주로 이곳에서 맡는 것 같았습니다.

어렸을 때 보았던 내과, 외과, 산부인과, 이비인후과, 안과, 비뇨기과 등 익숙했던 이름들에서 내과나 외과 등은 상당히 세분화되어 어떤 곳에 가서 치료를 받아야 할지 모르게 되었습니다. 서울대병원을 찾아보니 진료과가 24개이지만 내과와 외과는 다시 세분화되어 있었습니다. 내과의 경우 호흡기, 순환기, 소화기, 혈액종양, 당뇨, 갑상선내분비센터, 알레르기, 신장, 감염, 류마티스 등 10가지로 나뉘어 있었습니다.

외과의 경우도 일반외과, 흉부외과, 신경외과, 정형외과, 성형외과로 분리되어 있고 일반외과도 간, 췌장, 위장, 대장·항문, 내분비(갑상선), 이식혈관, 유방센터로 갈라져 있었습니다. 이 같은 경우는 비슷한 삼성병원, 현대아산병원, 세브란스병원도 거의 대동소이한 것 같습니다. 우리 지역의 충북대병원도 22개의 진료과로 되어 있고, 내과 역시 9개 전문영역으로 세분화되어 있더군요.

개인병원의 경우도 세분화되어 종전의 이비인후과도 인후 쪽만 전문으로 진료하는 소위 '보이스 클리닉*voice clinic*'이 생겨 저도 여러 차례 치료받은 경험이 있습니다.

이처럼 현대의학이 전문화, 세분화가 되었다 해도 완벽한 것은 아닙니다. 아직 한계가 너무 명확합니다. 그래서 더 연구가 필요하고, 그 연구를 해야 할 인력을 길러내는 일이 중요합니다. 세계적으로 최고의 두뇌들이 모이는 우리나라 의학계에 더 많은 힘을 모아줄 필요가 있다고 생각합니다.

오늘도 최고의 날이 되십시오.

생물물리학이란?

솔직히 말씀드리면 저도 학교 다닐 때는 과학이 싫었습니다. 그래서 문과를 택하고 대학에서 역사를 전공하였지요. 그런 제가 미래과학의 중요성을 역설하고 과학에 대한 서투른 지식으로 글을 써보는 만용을 부리는 것이 우습기도 합니다. 참 모를 일입니다.

어릴 때 학교에서 배운 과학과목을 찾아보니까 초등학교 시절에는 '자연'이라는 이름으로 과학을 배웠습니다. 아마도 자연현상을 이해하는 것이 과학의 기초였기에 그렇게 과목 이름을 정했는지 모르겠습니다.

중학교에 진학해서는 '생물과 물상'으로 나누어 과학을 공부했던 것 같습니다. 생물은 말 그대로 생명체에 대한 공부이고, 물상은 물리와 화학을 합쳐 물질의 성분과 운동 등을 공부했던 것으로 생각합니다.

고등학교에 와서 '생물, 물리, 화학, 지학'으로 과학이 4과목으로 나누어져 공부했던 것으로 기억합니다. 이것은 현재도 그대로 이어지는 것 같습니다. 그래서 우리 미래과학연구원에 참여하시는 과학 선생님들도 이 4과목으로 그룹을 나누고 있습니다.

그런데 이 전통의 4가지 과학과목이 이제는 융합되고 변화·발전되어 새롭게 영역이 넓어져가는 것 같습니다. 문과와 이과의 융합도 이루어지는데 따지고 보면 초등학교 때 '자연'이란 이름으로 한꺼번에 공부하였던 과학이니까 서로 융합된다고 해서 이상할 것은 없겠지요.

이번에 말씀드리고자 하는 과목은 '생물물리학'입니다. 생물물리학(生物物理學:biophysics)은 물리학을 생물학에 확대 적용하여 생명현상의 본질을 물리적 관점에서 연구하는 학문을 말한다고 합니다.

이 분야에서 세계의 주목을 받고 있는 학자가 서울대학교 물리·천문학부의 홍성철 교수입니다. 그는 2007년 10월 〈사이언스〉에 나노 단위의 작은 생체분자의 운동을 측정하고, 제어하는 기술을 세계 최초로 개발했다고 평가받은 논문을 발표하였습니다. 이 논문에서 그는 물리학적으로는 분자의 운동을, 생물학적으로는 생체분자를 관찰할 수 있는 장비와 기술에 대한 내용을 밝힌 것입니다.

물리학적으로 물체가 어느 상태로부터 다른 상태로 변화하는 것을 전이*trasition*라고 하는데, 생명체의 생명활동에 필수적인 생체분자의 운동을 전이상태에서 파악할 수 있는 고도의 기술을 찾아냈다는 것입니다. 이 생체분자들이 전이상태에 머무는 시간이 피코초(pico秒;1조분의 1초, 빛이 약 0.3mm진행하는 시간이라고 하니 상상이 가십니까?)에 지나지 않아 관찰이 불가능하다고 여겨졌다는 것입니다. 이 분야의 연구 역사는 불과 10여 년인데 홍 교수가 획기적인 성과를 이루었다고 합니다.

제주도 산간오지에서 태어난 홍 교수는 어릴 때 칼 세이건*Carl Sagan*의 '코스모스'란 책을 읽고 과학자의 꿈을 키웠다고 합니다. 서울대학교 물리학과에서 학사, 석사, 박사과정을 마치고 미국 일리노이 주립대로 유학을 갔다가 선배의 권유로 생체분자의 운동연구에 착수했다고 합니다. 현재 그는 생명체에 관심을 갖고 DNA구조연구, 리보솜*Ribosome*연구 등에 전력을 쏟고 있습니다. 그와 함께 자신은 아직 젊기 때문에 개인적 삶을 희생하여, 자기가 세워놓은 연구 과제를 풀어내겠다는 각오를 단단히 하고 있다고 합니다.

과학강국 대한민국의 앞날은 이러한 자기희생을 자처하는 과학자들의 땀으로 이루어진다는 사실을 홍 교수를 통하여 새삼 느낄 수 있었습니다.

오늘도 최고의 날이 되십시오.

관상동맥

야구 인기가 대단합니다. 베이징올림픽에서 금메달을 따서 온 국민을 열광케 하더니 야구월드컵이라고 할 수 있는 WBC(2009년)에서도 우리 선수들이 미국, 쿠바, 일본 등 야구 강국을 차례차례 연파하여 그야말로 우리들을 들끓게 한 기억이 생생합니다. 그래서인지 매년 프로야구가 사상 최대관중을 끌어들이고 있습니다. 저도 운동은 잘하지 못하지만 보는 것은 즐겨 대학 시절 곧잘 야구장을 찾아가곤 했습니다. 지금은 은퇴하여 감독이나 코치로 활동하는 당시의 스타 선수들인 김재박, 선동렬, 김봉연, 장효조, 한대화 등등 유명 선수들의 플레이를 보던 즐거움이 있었습니다.

1975년으로 기억됩니다, 형과 함께 아침에 세브란스병원으로 가서 고종사촌형님의 장인어른께서 심장수술을 받는데 헌혈을 해주고 동대문야구장으로 실업야구를 보러 갔습니다. 말로는 아주 간단한 수술이라는데 형하고 제가 마침 B형으로 혈액형이 맞아 무심코 헌혈을 해드리고는 관심도 갖지 않고 야구장에 갔던 것이지요. 그런데 경기가 다 끝날 무렵에 당시 석간이었던 동아일보를 무심코 들여다보니 톱기사가 그날 아침에 우리들이 헌혈했던 수술에 관한 기사였습니다.

그 수술이 관상동맥우회시술이었습니다. 우리 몸의 동맥은 다 아시다시피 심장에서 온몸으로 혈액을 나르는 혈관입니다. 그런데 심장 자체도 혈액을 공급받아야 하는데 그 혈관이 관상동맥입니다. 대동맥에서 갈라져 심장을 둘러싼 모양이 관冠처럼 생겼다고 해서 그처럼 부른다는데 이 혈관이 막히게 되면 협심증이나 급성심근경색으로 생명이 위험해지는 것입니다. 당시 이슈가 된 그 수술은 막힌 관상동맥을 허벅지의 혈관을 가져다 우회하여 혈관을 이어주는 일이었습니다. 알고 보니 이것이 우리나라에선 최초의 수술이었던지라 신문에 톱기사로 다루었던 모양입니다.

한때 40대 한창 나이에 자다가 급사를 하는 직장인 관련 기사가 많았습니다. 대부분 관상동맥이 막혀 일어난 급성심근경색이 원인이었다고 합니다. 지금은 이에 대한 치료법이 크게 발달하여 일찍 병원에 가면 문제가 없다고 합니다. 신문 톱기사를 장식하던 혈관우회술도 많이 발전하여 비교적 간단한 시술로 재발도 막고 정상생활을 할 수 있게 되었다고 합니다.

1980년대에는 풍선도자를 이용하여 협착부분을 확장하였으나 재발률이 30%에 이르는 단점이 있었다가 1990년대에는 스텐트라는 작은 철망을 삽입하는 시술이 개발되어 재발률을 20%까지 낮추었다고 합니다. 2000년대 들어서는 특수처리한 '약물방출스텐트*drug-eluting stent*'가 개발되어 재발률이 불과 5% 정도로 줄어들게 되었다고 합니다.

처음 관상동맥우회술을 시행할 때는 개복수술을 하여야 되었기에 1개월 이상 입원을 해야 하는 대수술이어야 했지만, 스텐트삽입술이 개발되어서는 사타구니나 팔의 피부조직 아래에 있는 동맥을 통해 간단히 수술이 이루어져 하루 이틀 정도면 퇴원이 가능하다고 합니다. 이 수술을 받은 사람들의 이야기로는 마술이 따로 없다고 할 정도라 하니 현대의학이 정말 많이 발전한 것 같습니다.

가을, 좋은 계절에 스릴 만점의 야구경기를 보게 되면 자연히 그 옛날 가벼운 마음으로 헌혈을 했다가 크게 놀랐던 기억이 떠오르게 됩니다.

오늘도 최고의 날이 되십시오.

알래스카의 장미정원

알래스카에 빨간 장미정원을 만들 수 있을까요? 식물이 살 수 없는 사막에 벼를 심어 수확을 할 수 있을까요? 봄에 피는 꽃을 겨울에 피게 할 수 있을까요? 얼마 전만 하더라도 말도 안 되는 동화 속의 이야기가 이젠 현실이 된다는 데 부정하실 분은 없을 것으로 생각합니다.

우리가 어릴 때 읽었던 동화책이나 옛날이야기에 등장하는 효자들은 참 고생을 많이 했습니다. 몸이 불편한 부모님을 위해 한겨울에 복숭아를 찾아 눈 속을 헤매거나 잉어를 잡기 위해 강을 샅샅이 뒤지고 결국 기도 끝에 얻게 되었다는 이야기들 말입니다. 지금이야 냉장고도 집집마다 있고, 비닐하우스 농사로 작물을 철 가려 먹는 것은 아니지만 예전에는 그런 일이 상상으로만 가능했지 현실이 되리라고 생각이나 했을까요.

이제는 생명과학의 발달로 냉장고가 없어도, 비닐하우스가 아니라도 빙하나 사막에서 작물을 재배할 수 있게 되었다고 합니다. 그러한 분야에서 획기적인 연구결과를 발표한 사람이 경상대학교 환경생명과학 국가핵심센터의 김외련 교수입니다.

그녀는 2007년 8월 〈네이쳐〉에 '식물의 생체시계 메커니즘연구'라는 논문 발표를 통하여 식물증산의 중요한 열쇠를 제공하였다고 평가받았습니다. 연구 내용을 간략히 말씀드리면 식물의 꽃피는 시기를 조절하는 데 중요한 역할을 하는 '자이겐티아*GIGANTEA*'라는 유전자가 식물 생체시계의 작동과 관련된 '자이튤립*ZEITLUPE*'이란 단백질에 작용한다는 사실을 규명한 것이라고 합니다. 식물의 생체시계는 식물 잎의 움직임, 유전자 발현 등 다양한 생명현상의 조절을 말하는 것으로 1960년대부터 이와 관련된 '자이겐티아'라는 유전자의 존재 가능성이 제시되어 연구를 해왔으나 성과를 못 얻었다는 것입니다.

생체시계는 식물뿐만 아니라 동물에도 나타나는 생명활동 현상입니다. 우리 인간의 몸 내부에도 시간에 따라 생체리듬을 주관하는 시계가 있다고 합니다. 예를 들어 사람의 체온은 밤과 낮에 따라 일정하게 변한다고 합니다. 또 미국이나 유럽여행을 다녀올 때 시간의 차이에 고생하다 곧 적응을 합니다. 이러한 적응이 인체의 생체시계 메커니즘이라고 할 수 있다고 합니다.

이와 같이 동식물은 24시간이라는 지구의 자전주기에 적응하기 위하여 생체시계를 진화시켜 왔다고 합니다. 그러니까 수면, 체온,

혈압, 맥박, 호르몬 분비 등 바이오 리듬을 조절하는 것이 생체시계의 메커니즘이라고 하는 것입니다. 이러한 메커니즘이 이루어지는 과정을 김 교수가 최초로 밝혔다고 합니다.

10년 정도면 실용화가 가능하여 알래스카에 장미정원을 만들 수 있게 되고, 사막에 벼를 재배할 수 있게 되는 농업혁명을 기대할 수도 있다고 합니다. 김 교수의 연구 성과는 이 분야의 연구를 20~30년 앞당기게 하였다는 평가를 받고 있습니다.

더욱이 경남 진주가 고향인 김 교수는 경상대학교 생화학과에 입학한 이래 학부와 석사·박사를 모두 마친 '순수토종박사'로 6남매의 장녀요, 2남1녀를 둔 평범한 대한민국의 아줌마입니다. 그럼에도 가족과 부모님의 열성적인 이해와 격려를 받아 끝이 없는 연구를 계속하고 있는, 한편으로는 억척(?)스러운 여성과학자입니다.

미국에서 연구를 하던 시절, 아기를 업고 무대에서 발표를 할 때 아무도 이상하게 보지 않았던 풍토에 비하여, 능력 있는 여성들이 재능을 발휘하지 못하고 위축되는 우리나라의 풍토에 대하여 김 교수는 가슴 아파하고 있습니다.

그동안 우리 사회도 많은 면에서 환경과 풍토가 좋아졌지만 아직도 부족하다는 현실을 부인할 수는 없습니다. 앞으로 식물의 생체시계 메커니즘에 대하여 더 상세하게 연구를 해나감으로써 인류의 풍요로운 삶을 이루겠다는 김 교수의 꿈이 이루어지길 바랍니다. 한편으로 여성과학자에 대한 대중의 인식 전환이 있어 김 교수와 같은 분들이 계속 나타나길 빌어 봅니다.

오늘도 최고의 날이 되십시오.

알츠하이머병의 치료

〈그녀에게서 멀어지기〉란 글을 기억하시는지요? 바로 알츠하이머병을 앓고 있는 아내를 요양원에 보낸 남편의 이야기입니다. 아내는 요양원에서 자기보다 병이 심각한 남자를 만나 그를 간호하면서 생기를 되찾지만, 점점 남편인 자신을 잊어가게 됩니다. 고심 끝에 남편은 사랑하는 아내를 위하여 의도적으로 아내에게서 떨어져 지켜보려만 한다는 내용입니다.

그때도 말씀드렸지만 알츠하이머병은 대뇌피질의 신경세포가 죽어서 일어나는 질병입니다. 이 병에 걸리면 언어장애, 기억상실, 정신인지 기능의 상실에 이르게 됩니다. 1906년 독일의 알로이스 알츠하이머란 학자가 처음 발견한 이래 아직 뚜렷한 치료법이 거의 없는 상태라고 합니다.

사실 알츠하이머병은 기억상실이 주요 증상이기 때문에 기억상실을 치료하면 된다고 합니다. 그리고 우리 몸에는 기억력을 향상시킬 수 있는 다양한 기능의 단백질이 있다고 합니다. 또한 유전자 조절이 가능한 전사인자*transcription factor*들이 기억능력을 조절한다고 합니다. 따라서 알츠하이머병의 치료는 기억력을 향상시킬 수 있는 단백질들의 기능과 메커니즘을 밝히면 풀린다고 할 수 있을 것입니다.

문제는 그렇게 간단치가 않았다고 합니다. 기억력을 향상시킬 수 있는 단백질을 그동안 발견하지 못하고 있었기 때문입니다. 그것을 서울대학교 자연과학대학 생명과학부의 강봉균 교수가 2007년 5월 〈셀〉지를 통하여 기억력을 향상시키는 단백질을 발견했다는 논문을 발표함으로써 알츠하이머병 치료의 새로운 지평을 열게 되었다고 합니다.

이 논문에서 강 교수는 기억형성에 중요한 단백질이 신경세포 내 학습신호를 핵으로 전달하여 유전자 발현을 조절하고, 기억형성을 위한 핵심적인 기능을 한다는 사실을 밝혀낸 것입니다. 그 단백질을 강 교수는 'CAMAP'이라고 이름을 붙였습니다. 그는 CAMAP란 단백질이 기억을 저장하는 과정에서 매우 중요한 일을 하고, 다른 단백질과의 차이점을 찾아내어 기억형성에 대한 주요 메커니즘을 밝혔다는 것입니다.

앞으로 그는 연구를 계속하여 기억의 저장과정에서 한 걸음 더 나아가 기억의 인출과정까지 연구를 해나갈 생각이라고 합니다. 그의 연구가 계획대로 이루어져 성과를 낸다면 미래사회는 기억의 복원이나 삭제 같은 영화 속과 같은 일들이 현실화될지도 모르겠습니다. 어쩌면 고통과 슬픔 같은 나쁜 기억들을 없앨 수도 있을 것입니다. 나쁜 기억은 지우고, 좋은 기억은 오래 남길 수 있는 시대가 올지도 모릅니다.

그뿐만 아니라 알츠하이머병으로 고통 받는 많은 사람들에게 새로운 희망을 주게 되는 것입니다. 노부모의 부양과 막대한 의료비지출로 고통을 겪고 있는 우리에게 사회경제적 측면으로도 크게 공헌하게 될 것입니다.

제주도 출신의 강 교수는 서울대학교를 졸업하고 미국 컬럼비아대학에서 박사과정을 이수하며 이 분야에 관심을 갖고 연구를 시작했습니다. 그곳에서 신경생물학의 세계적 권위자인 에릭 켄델 교수와 인연을 맺어 본격적으로 뇌 신경세포에 대한 연구를 하게 되었다고 합니다.

어렸을 때 산간오지에서 학교를 다니며 자연현상에 의문을 가지게 되고 그런 과정에서 과학자의 길로 들어선 강 교수는 과학에 대해 '끈기와 인내'를 최고의 덕목으로 생각한다고 말하고 있습니다. 과학은 이미 알고 있는 것을 추구하는 것이 아니라 모르는 것을 추구하는 과정이기 때문이라는 것입니다.

그토록 어려운 과학이기에 좀 더 많은 투자가 있어야 한다고 역설하고 있습니다. 10번 시도해서 9번 실패하더라도 단 한 번의 성공이 세계적인 업적이 되고, 그것이 우리의 삶을 윤택하게 할 수 있다는 것입니다. 따라서 국력을 키우기 위해서도 과학에 대한 지원이 확대되어야 한다고 말하고 있습니다.

저도 강 교수의 말씀에 전적으로 동의합니다. 사람의 기억을 조절하는 길을 열어 보려고 온몸을 던지는 강 교수의 연구가 성공하길 빌면서 그의 주장도 이루어지길 희망합니다.

오늘도 최고의 날이 되십시오.

맞춤약물요법

얼마 전 대전에서 학교 친구들이 부부동반 망년회를 가졌습니다. 저도 대전시청과 대덕구청에 근무한 인연이 있어 자리를 함께하고 유쾌한 시간을 보냈습니다. 그러던 중 부인들에게 마이크를 주면서 올해 가장 좋았던 일, 가슴 아팠던 일 그리고 새해 가장 바라는 일을 이야기하라고 했더니 대부분 애들 결혼이야기와 관련된 일과 건강에 관한 이야기였습니다. 이제 나이가 들었구나 생각하고 있는데 한 친구의 부인이 올 겨울이 남편의 대장암 수술 5년째라 완치라는 의사의 판정을 받았다고 해서 모두들 기쁜 마음으로 박수를 보냈습니다.

그 판정을 내린 의사 역시 같은 자리에 참석한 선병원의 '곽승수'라는 친구였지요. 그 친구는 15년 전 저의 대장암도 치료한 친구입니다. 그 자리에서 헤아려보니 참석자 20여 명 중 5명이나 신세를 졌더군요. 저도 그 어려웠던 시절을 회상해봤습니다.

40대 초반 한창 일에만 빠져있던 저에게 청천벽력 같은 일이었습니다. 가까운 친구를 치료해서 반드시 살려야 하는 의사 친구도 무척이나 고뇌하고 있음을 느꼈습니다. 같이 있는 다른 의사가 제게 말하더군요. 수술하면서도 또 수술 후에도 고민하면서 치료를 했다고요. 지금 이처럼 원기왕성하게 활동할 수 있는 것도 그 친구의 덕분임을 부인할 수 없습니다.

당시 저는 대덕구청장 직을 떠나 내무부 지방자치기획단의 과장으로 옮겨간 상태라 대전에서 계속 치료가 어려워 항암치료는 유명한 대장암 권위자인 박재갑 교수님의 소개로 서울대병원에서 받을 수 있었습니다. 1년여 항암치료와 5년여 검진을 받은 후 이제는 청주의 병원에서 일반 건강검진을 받고 있습니다. 대장암 수술의 경력으로 2년마다 장내시경검진은 거르지 않고 있습니다. 그 과정에서 당시 항암제의 고약한 기억은 아직도 생생합니다. 암세포를 죽여야 하는 약이라 독성이 강했습니다. 저는 머리가 빠지는 정도는 아니었지만 속이 뒤틀리고 메슥거려 음식을 먹지 못했었습니다.

이 항암제의 고약함은 지금도 여전한 모양입니다. 작년에 유방암 수술을 받은 저의 처형도 무척 고생하고 있습니다. 요즈음은 항암제를 투여하기 전에 유전자의 특성에 따라 환자에게 적합한지 여부를 미리 검사할 수 있는 방법이 한국인 과학자에 의하여 발견되어 치료에 획기적인 진전을 가져오게 되었다고 합니다. 그 사람은 서울대학교 약학대학의 오정미 교수입니다.

오 교수는 2007년 1월 〈사이언스〉에 미국국립암연구소의 연구팀과 함께 세포막에 존재하면서 약물을 나르는 단백질인 P-글라이코프로틴*P-glycoprotein*이 MDR-1*Multidrug Resistance-1*이라는 유전자에 따라 증가하기도 하고 감소하기도 한다는 사실을 밝혀냈다고 합니다. 좀 풀어서 말씀드리면, p-글라이코프로틴은 약물을 세포 밖으로 배설하는 일종의 펌프라고 합니다. 장에서 이 단백질이 증가하면 약물흡수력을 떨어뜨리고, 간이나 신장에서 증가하면 약물배설을 촉진해 약물효과를 감소시킨다는 것입니다. 그래서 이 단백질의 증감을 인위적으로 조절할 수 있다면 환자의 치료에 큰 도움이 될 수 있다는 것이지요. 한마디로 오 교수가 약물을 투여하기 전에 환자에게 적합한지 여부를 사전에 검사하여 투여할 수 있는 '맞춤약물치료' 방법을 개발했다고 할 수 있습니다.

오 교수는 초등학교 때 가족이 미국으로 이민을 가게 되어 줄곧 미국에서 학교를 다녔다고 합니다. 약대에 다니면서 약국실습을 나가 눈병이 난 한국유학생을 만나고 결혼까지 이르러 다시 귀국하게 되었다고 합니다.

귀국 초기 적응이 안 되어 어려움을 많이 겪었지만 '1%의 가능성만 있어도 도전한다.'는 자신의 신념에 따라 극복해내고 세계적인 연구 성과를 일구어냈습니다. 이제 오 교수는 현재까지의 성과를 바탕으로 동양인의 체질에 맞는 맞춤연구를 계속할 계획이라고 합니다.

오 교수의 연구가 성공하여 질병으로 인하여 고통과 절망 속에 신음하는 이 땅의 수많은 사람들이 훌쩍 일어나게 되기를 간절히 빕니다.

오늘도 최고의 날이 되십시오.

자연계에 없는
D-아미노산

며칠 전 중앙 유력일간지에 오세정 교수가 쓴 글을 읽고 가슴이 아팠습니다. 오 교수는 사실 제가 처음 서울대학교에 응시하여 불합격했을 때 전교수석을 한 천재라서 그 이름을 똑똑히 기억하고 있습니다. 예비고사 전국수석에 서울대 전체수석으로 물리학과에 들어갔고, 교수로서 활동하고 있는 분입니다. 과학자로서의 머리도 뛰어나지만 그에 못지않게 글 솜씨도 좋아 자주 신문지상에서 그분의 글을 보게 됩니다.

그분이 쓴 글 중에 KAIST를 졸업하는 학생 중 본교 대학원에 진학한 학생은 극소수이고 거의 모두 의학·치의학 전문대학원으로 빠져갔다고 한탄을 한 내용이 있습니다. 정말 큰일입니다. 우수한 과학자 지망생들이 모두 과학을 포기하고 의사와 한의사로만 간다면 보통 문제가 아닐 것입니다. 그렇다고 직업선택의 자유가 엄연히 보장되는 우리나라가 강제로 막을 수도 없지 않겠습니까?

제가 대학에 응시할 때, 최고의 천재들은 물리학과, 화학과 등 기초과학 분야에 몰렸고 그런 풍토가 자연스럽고 당연한 것으로 여겨졌습니다. 그러던 것이 어느 사이 의학과 한의학으로 몰리고 있으니 오세정 교수께서 답답해하시는 것이 충분히 이해가 갑니다. 정말이지 과학에 대한 관심, 과학에 대한 투자에 과감한 정책이 필요하다고 봅니다.

한국과학재단에서 노벨상을 바라보는 젊은 과학자로 선정한 12분 중 마지막 한 분을 말씀드리려고 합니다. 그는 청주에서 고등학교를 졸업(어느 학교인지는 확인을 못했습니다)하고 서울대를 거쳐 KAIST에서 석사, 연세대에서 박사를 받고 지금은 이화여대 나노과학부에 계시는 김관묵 교수입니다.

그는 자연계에 존재하지 않는 D-아미노산을 만드는 획기적 방법을 개발해 냄으로써 세계적으로 주목받게 되고, 약 15조 원 이상의 시장을 장악할 거목으로 평가받고 있습니다. 단백질을 구성하는 아미노산은 '키랄' 성질을 가지고 있어 두 가지 형태로 서로 다른 기능을 하게 되어 약품으로서는 자칫 부작용이 나올 수 있다고 하는데 김 교수가 이 분야에 업적을 이룬 것입니다.

좀 더 자세히 말씀드리면 '키랄'이란 '거울상'이라고도 하는데, 오른손과 왼손처럼 서로 똑같은 형태이면서 입체적으로 다른 형태인 것을 말한다고 합니다. 자연계의 많은 분자들이 이러한 거울상 형태의 변종을 가지고 있고, 의약품의 2/3가 키랄성이라고 합니다. 이 키랄성 의약품의 주요 성분인 아미노산이 D와 L이라는 형태로 존재하는데 자연계에서는 L-아미노산만 존재하고, D-아미노산은 효소공법 등을 이용하여 일부 제약회사에서 소량만을 얻을 수 있었다고 합니다. 이 공법은 경비도 많이 들고, 공정 자체도 어려워 D-아미노산의 가격은 L-아미노산의 5에서 100배 정도로 비싸다고 합니다.

김 교수는 기존의 공법인 L-아미노산과 D-아미노산을 분리하는 공정에서 발상을 전환하여 L-아미노산을 D-아미노산으로 전환시키는 공정으로 바꾸어 개발하는 데 성공하였다고 합니다. 말이야 쉽지만 수년간의 시행착오를 거쳐 이루어냈다고 합니다. 오늘은 무언가 결과가 나와 줄 것 같아 들떴다가 내일이면 실망하는 일이 무수히 반복되었다고 합니다.

D-아미노산은 의약품뿐만 아니라 산업용으로도 활용되어 2009년 10억 달러 이상의 시장이 형성될 것으로 예상하고 있습니다.

"시험 보는 것과 과학연구는 달라요. 시험은 아는 것을 테스트하는 거지요. 답이 있는 것을 찾는 것인데, 과학연구는 정해진 답이 없어요. 길이 있을지 없을지 모르는데 길을 찾아가야 하는 것이지요."

과학자로서 설렘과 낙담의 무한한 반복에서 탐구정신의 중요성을 강조하는 김 교수는 실패를 두려워하지 말고 '재미'를 찾아 나서라고 말하고 있습니다.

부디 김 교수처럼 탐구에서 재미를 찾고, 거기에서 성과를 이루어 우리나라는 물론 온 인류에게도 도움이 될 수 있는 과학자들이 계속해서 나오기를 바랍니다. 오세정 교수께서 한탄하시듯, 단기적 이익만을 보는 좁은 시야에서 벗어나, 멀리 넓게 미래를 내다보는 시야를 갖는 우리 사회가 되기를 기대해 봅니다.

오늘도 최고의 날이 되십시오.

백신과
부작용

제가 어릴 때만 해도 소아마비로 다리를 저는 사람이나 천연두에 걸려 얼굴이 온통 얽은 '곰보'인 사람을 더러 본 기억이 납니다. 어린 생각에 전 그들이 저와는 전혀 다른 사람으로 느껴졌습니다. 그러나 그들 역시 일반인들과 똑같은 사람이며 단지 병에 걸려 다리를 절게 되고 얼굴이 얽게 되었다는 것, 또 누구나 병에 걸리면 그렇게 될 수도 있다는 사실을 몰랐던 것이지요. 물론 지금은 태어나면서부터 소아마비나 천연두를 예방하기 위한 백신 주사를 시기별로 접종하기 때문에 다리를 저는 사람이나 얼굴이 얽은 사람을 주변에서 찾아보기 어렵습니다. 그렇게 되기까지에는 수많은 의학자의 노력이 있었습니다.

많이들 아는 이야기입니다만, 백신 주사의 시초는 1796년 영국의 에드워드 제너가 실시한 천연두 예방백신입니다. 당시 천연두는 치사율이 30%가 넘을 뿐만 아니라 다행히 낫는다고 하더라도 발진의 자국으로 얼굴이 얽게 되는 아주 무서운 질병이었습니다. 그런데 특이하게도 소의 젖을 짜는 여성들이 거의 천연두를 앓지 않는다는 사실을 알게 되어 그 원인을 조사한 결과 백신이 만들어진 것이지요.

소들도 천연두와 비슷한 '우두牛痘'라는 병에 걸리는데 우두는 사람에게도 감염되는 병으로 증상이 가볍다고 합니다. 그런데 그런 우두에 감염되었던 여성들은 천연두에 걸리지 않는 데 착안하여 일부러 사람의 팔에 우두를 걸리게 함으로써 천연두를 막는 백신을 만들어내게 되었습니다. 제너의 노력 덕택에 천연두는 없어지게 되었고 1980년 세계보건기구WHO에서 근절을 선언한, 사라진 질병이 되었습니다.

이러한 백신은 1881년 프랑스의 루이 파스퇴르에 의해 '인공적으로 약한 병에 걸리게 해서, 그와 비슷한 중병을 예방하는 것'이라고 정의되었습니다. 백신vaccine이라는 이름도 수소牛를 나타내는 라틴어 vacca에서 유래한다고 합니다. 파스퇴르가 제너의 공적에 존경을 표시해 그런 이름을 붙였다고 합니다. 파스퇴르는 제너의 방법을 더욱 발전시켜 질병의 원인이 되는 병원체를 배양함으로써 병원성이 낮아지도록 변이를 일으킨 것을 만들어내고, 그것을 백신으로 사용하는 일을 고안해냈습니다.

백신은 어디까지나 특정한 병의 예방이 목적이라고 하겠습니다. 백신을 접종하면 백신에 대하여 몸속의 면역세포가 공격하고, 그 과정에서 적을 대비하는 세포를 준비할 수 있게 됩니다. 그래서 강한 병이 왔을 때 그 세포들이 병에 걸리는 것을 막을 수 있게 되는 것이지요. 그런 과정에서 백신은 약한 병을 일으키게 되므로 부작용이 나타날 수 있습니다. 현재는 부작용이 일어나지 않도록 다양한 기술을 개발하고 있지만 아직까지 부작용 없는 완벽한 백신은 없다고 합니다.

21세기에 들어 세계를 휩쓴 신종 인플루엔자의 유행으로 국내에서도 백신 접종이 뜨거운 이슈가 되었습니다. 완벽한 백신은 없다는 점을 이해하시고 의사와 상의하면서 접종을 받는 것이 좋다고 합니다.

질병 없는 건강한 세상! 그 인류의 꿈을 향해 과학자들의 끊임없는 연구와 노력은 멈추지 않고 있기에 인류는 그 꿈에 점차 다가가고 있습니다. 우리 모두 숨은 과학자들의 노력과 헌신에 아낌없는 격려와 성원을 보내야 하겠습니다.

오늘도 최고의 날이 되십시오.

　제가 2002년에 열린 '오송국제바이오엑스포'의 사무총장으로 일을 한 것도 12년이 지났습니다. 처음 바이오엑스포 일을 시작할 때인 2001년에는 우리나라에 바이오 관련 책을 찾아볼 수가 없었습니다. 대학교과서나 약간의 전문서적이 존재했을 뿐 저 같은 문외한이 참고할 수 있는 책은 눈을 씻고 봐도 없었습니다. 그때 마침 임기가 얼마 남지 않았던 미국의 클린턴 대통령이 선진국 몇 나라와 컨소시엄을 구성하여 진행한 인간 'Genome Project'가 발표되었습니다. 태풍이 몰아친 듯했습니다. 인간이 생명현상을 파헤쳤다, 신의 영역에 들어갔다는 소리가 나올 만큼 그 영향은 대단하였습니다.

　이어서 책이 쏟아져 나왔습니다. 덕분에 저 같은 사람도 바이오에 대하여 입문을 하게 되었습니다. 지금도 가끔 봅니다만 로버트 올리버의 〈바이오테크〉라든지 대학교과서로 쓰인 듯한 〈생명의 파노라마〉 같은 책들이 크게 도움이 되었습니다. 그 책들을 통해서 지금부터 꼭 60여 년 전인 1953년 영국의 두 젊은 과학자에 의해 밝혀진 DNA를 알게 되고 생명체의 신기한 내부를 들여다보게 되었습니다. 저는 그때서야 인간의 세포는 100조 개(이게 정확한지는 모르겠습니다)이고, 그 세포 속에는 23쌍의 염색체가 있고, 그 염색체는 다시 30억 쌍의 염기로 이루어져 있다는 것을 알았습니다. 또 30억 쌍의 염기를 해석한 결과 유전을 결정짓는 정보를 가진 유전자는 불과 4만 개 정도에 지나지 않는다는 사실도 알았지요.

여기서 저는 염기 30억 쌍이니까 60억 개에서 유전자 4만여 개를 뺀 나머지 59억9,996여 개의 염기는 무의미한 것인가라는 의문을 가졌고, 많은 사람에게 물어보면 한결같이 무의미하지 않고 의미가 있을 것이란 답을 했습니다. 결국에 이런 현상을 공부한 분들은 조물주의 이 거대함에 고개를 숙이고 종교에 귀속하는 게 아닌가 하는 생각을 했습니다.

최근에 나온 과학잡지 서문에 DNA에 대한 칼럼이 있었습니다. 읽어보니 12년 전 제가 맛보았던 세계에서 완전히 다른 세계에 들어왔다는 내용이었습니다. 생명현상의 왕과 같이 절대적으로 군림했던 DNA가 이제는 RNA에게 자리를 물려주었다는 얘기입니다. 종전까지 크게 주목하지 않았던 작은 RNA는 이제 비번역 RNA, 마이크로 RNA라는 이름으로 DNA보다 더 대접을 받는다고 합니다. 정크 DNA라고 쓰레기 취급을 받던 인트론 DNA는 지금 보물이라고 합니다. 후생유전학이라는 새로운 학문이 나오면서 유전이 꼭 DNA로 되는 건 아니라는 겁니다.

DNA 발견 60년이 흐른 지금, 확실한 것은 아직도 생명현상은 계속 연구되고 있으며 그것도 이전과 달리 서로 협력하고 소통되어나가고 있다는 것입니다. 여기에는 슈퍼컴으로 대변되는 IT, 극미세계를 대상으로 한 NT 등과 같은 연관학문과의 네트워크가 필수적인 것입니다. 가면 갈수록 첨단과학의 시대에는 소통과 포용이 중요한 덕목이라는 사실입니다.

부존자원이 거의 없고 오직 사람만이 자원이라 할 수 있는 우리나라로서는 첨단과학이 미래비전으로 자리 잡아야 합니다. 그러기 위해서는 과학의 대중화, 과학교육의 진흥과 과학인구의 저변확대가 필수적이라는 생각입니다. 더 높은 정부의 관심과 일반 국민의 과학에 대한 인식제고가 절실하다고 봅니다. 그를 위해서 나름대로 노력을 게을리하지 않을 것입니다.